本科规划教材

U0602757

生态环境监测

SHENGTAI HUANJING JIANCE

刘海隆　主编

电子科技大学出版社
University of Electronic Science and Technology of China Press

· 成都 ·

图书在版编目（CIP）数据

生态环境监测 / 刘海隆主编. — 成都：电子科技
大学出版社，2023.3
ISBN 978-7-5770-0075-6

Ⅰ. ①生… Ⅱ. ①刘… Ⅲ. ①生态环境—环境监测
Ⅳ. ①X835

中国国家版本馆 CIP 数据核字（2023）第 004877 号

生态环境监测
SHENGTAI HUANJING JIANCE

刘海隆　主编

策划编辑　陈松明　谢晓辉
责任编辑　唐祖琴
助理编辑　王丽红
责任校对　龙　敏
责任印制　段晓静

出版发行　电子科技大学出版社
　　　　　成都市一环路东一段159号电子信息产业大厦九楼　邮编 610051
主　　页　www.uestcp.com.cn
服务电话　028-83203399
邮购电话　028-83201495

印　　刷　成都市火炬印务有限公司
成品尺寸　185 mm×260 mm
印　　张　8.75
字　　数　220千字
版　　次　2023年3月第1版
印　　次　2023年3月第1次印刷
书　　号　ISBN 978-7-5770-0075-6
定　　价　46.00元

前　　言

在当今这个信息化高速发展的时代，生态环境的保护与监测已经成为全球共同关注的重大课题。随着现代新兴信息技术的迅猛进步，特别是大数据、物联网、人工智能等领域的突破性发展，生态环境监测手段正经历着前所未有的智能化变革。为了适应这一变革趋势，我们迫切需要融合传统的生态与环境观测手段与现代新兴技术方法，以更加精准、高效的方式监测和保护我们的生态环境。在此背景下，生态、环境、电子信息、通信、物联网等多学科的交叉融合显得尤为重要。这些学科的交叉不仅为生态环境的智能化监测提供了坚实的理论基础，也推动了相关技术的创新与应用。为了响应新形势下的新工科建设要求，培养适应未来生态环境监测领域的高素质人才，我们精心编写了这本教材。

本书共分为六章，第一章作为绪论部分，简要介绍了生态环境监测的发展历程以及发展方向。第二章至第五章则深入探讨了生态环境的监测方法、数据传输与处理技术、系统建设等方面。第六章则通过具体案例分析，展示了生态环境监测在实际应用中的成果与经验。

在编写过程中，我们始终坚持复合型人才培养的目标，注重培养学生分析问题和解决问题的能力。我们围绕地理环境条件下的生态环境信息特点，结合遥感、微电子、通信工程等多门学科知识，构建了面向智慧生态环境监测问题的知识体系。同时，我们还实施了基于监测系统集成的多学科交叉融合能力达成的评价标准和考核办法，旨在强化学生在监测各环节的专业实践，提升他们整合运用跨学科知识的能力。

本书旨在促进生态环境领域的智能化快速发展，全面涵盖了生态环境监测的基本概念、发展简史、监测规范、指标体系、系统建设、案例分析等内容。这些内容不仅适用于生态、环境、气象、水利、农业及物联网应用等相关专业的本科生或研究生学习，也为从事生态环境监测工作的专业人员提供了宝贵的参考。

在编写本书的过程中，我们着力于理论联系实际，注重培养面向社会需求的高技能应用型人才。我们衷心感谢第三次新疆综合科学考察项目（项目编号2021xjkk1400）对本书的资助，同时也对国内外相关研究资料的作者表示衷心的感谢。尽管我们试图在参考文献中列出所有引用的参考资料，但难免有疏漏之处，敬请谅解。

最后，由于编者水平和经验有限，书中难免存在不足之处和疏漏之处。我们恳请广大读者批评指正，以便我们在今后的修订中不断完善和提高。让我们共同努力，为推动生态环境监测领域的智能化发展贡献自己的力量。

目　　录

第一章 绪 论

我国社会经济的发展已经进入绿色经济转型的新阶段，为更好地促进人类与环境协调发展，对生态环境保护提出了新的要求。随着大数据、云计算、人工智能、物联网、5G等新兴技术的日益成熟与广泛应用，我国生态环境监测随之发生着日新月异的变化。

第一节　生态环境监测概述

1.1　生态环境监测的相关基本概念

生态环境监测：基于生态学原理，采用物理、化学或生物方法，监测和评价生态环境状况及其变化趋势，监测内容包括环境质量监测、污染源监测和生态状况监测等。

环境质量监测：监测和评价环境质量状况及其变化趋势，监测环境要素包括大气（含温室气体）、地表水、地下水、海洋、土壤、辐射和噪声等。

污染源监测：监测和评价污染源排放状况及其变化趋势，监测污染源排放方式包括固定源、移动源和面源等。

生态状况监测：监测和评价生态系统数量、质量、结构和服务功能的时空格局及其变化趋势，监测生态系统包括森林、草原、湿地、荒漠、水体、农田、城市、海洋等。

生态环境：影响人类生存发展的各种自然要素（包括生物要素和非生物要素）以及相互作用而形成的综合体。

生态系统：在一定空间内生物群落与非生物环境之间通过物质循环、能量流动和信息传递，而形成的相互作用、相互依存的统一整体。

生物群落：生活在某一空间和时段内各种生物种群有规律的组合，主要通过物种组成及其数量反映生物群落性质和类型，通过生物群落种类与数量变化反映区域生物多样性变化状况。

污染生态监测：利用生物对环境污染的反应来监测环境污染状况的变化过程。

受威胁物种：在《世界自然保护联盟濒危物种红色名录》中属于极危、濒危和易危的物种。

中国特有物种：仅在中国境内自然分布的物种。

外来入侵物种：在本地自然、半自然生态系统或生境中建立了种群，给本地的生态环境、生物多样性造成明显破坏的外来物种。

环境指示生物：自身特征与周围环境状况变化能产生同步响应，可被用于环境指示物或定量实验的生物体或生物群落，包括反应指示生物和累积指示生物。

反应指示生物：在显示污染物质的影响时会出现明显危害作用（如叶片坏死、生长抑制或过早的针叶脱落反应等）的环境指示生物。

累积指示生物：能够吸收并贮存污染物，但其外部无明显危害的强抗污染环境指示生物，具有较大的环境容量和累积污染物能力，可用于实验分析。

1.2　生态环境监测内容

生态环境由许多生态因素组成，包括光、温度、水、空气、土壤和无机盐类等非生物因素，以及植物、动物、微生物等生物因素。生态因素在自然界中通过不断地联系和相互影响，对生物发生作用。为反映生态环境质量的高低，需要借助物理、化学分析方法以及生物指示等检测手段，对生态环境进行监测和测定，掌握非生物因素的状况及发展趋向。

生态系统监测类型有多种不同的划分方法。常用的是从生态系统角度进行划分，具体包括：城市生态监测、农村生态监测、森林生态监测、草原生态监测和荒漠生态监测等。这类划分有助于通过监测了解生态系统的生态价值现状、被影响程度、承压能力、发展趋势等，凸显了生态监测对象的价值尺度。

根据生态监测的空间尺度，生态系统监测可分为以下两大类。

（1）宏观生态监测。监测对象的空间范围介于区域与全球尺度之间。宏观生态监测常用的手段是基于自然本底资料和专业数据，采用遥感技术、地理信息系统和全球定位系统技术，进行生态专题图制作。另外区域生态调查和生态统计也是常采用的方法。

（2）微观生态监测。监测对象的空间范围介于单一生态类型与多个生态系统组成的景观生态区之间。微观生态监测以生态监测站为基础，采用物理、化学或生物学的手段获取生态系统各个组分的属性信息。

生态环境领域的环境监测主要是监测区域内的大生态环境，重点内容是监测大范围的生态破坏情况，然后借助专业知识对大范围的生态状况进行监测。因动态监测可以更充分地把握生态环境演化规律以及存在的主要问题，有利于采取一系列的防控措施，所以常被采用。其监测对象有两方面：一是对排放有害物质的污染源进行监测；二是对水源、大气、土壤等污染状况的监测。具体工作内容包括：依据环境质量标准对环境质量进行评价；分析污染的时空分布特征，追踪溯源，为控制污染和监管提供依据；收集积累本底和监测数据，为分析环境容量、目标管理、环境质量预测预报提供支撑；服务于人类健康和环境保护，以及环境法规、标准和规划的制定。

总体而言，环境监测通过提供准确、及时及全面反映环境质量现状及发展趋势的信息，为环境管理、污染源控制、环境规划等提供服务[5]。

1.3　生态环境监测技术

为获取生态环境中物理、化学以及生物等因素的污染信息，生态环境监测采用了地理、物理、化学以及生物学等相关技术。现今应用于生态环境监测的技术主要有以下几种。

（1）光谱技术。

光谱技术是利用某一物质所特有的特征光谱来实现的，目前在水资源生态环境监测中取得了良好的应用效果。通过对水样本使用原子吸收光谱、原子发射光谱以及荧光光谱等检测方法，可以进行有害物质测量。目前我国已经建立并完善了近百种水污染物的光谱测定技术规范标准，这为水资源监测提供了强有力的技术支撑。

（2）色谱技术。

色谱技术是一种常用于对水样中有机物进行检测分析的环境监测技术。目前我国已经建立并完善了水资源中多环芳烃类物质、空气中醛酮类化合物的色谱法测定标准规范，这对我国环境监测具有推动作用。

（3）3S技术（GPS、GIS和RS）。

利用物体对电磁波的辐射和反射特性，基于遥感（RS）数据，采用地理信息系统（GIS）的空间分析功能和全球定位系统（GPS）的定位功能，可以很好地监测生态环境的变化。3S技术的广泛应用极大地提高了生态环境监测的效率。

第二节　生态环境监测发展

2.1　生态环境监测发展史

生态环境监测的研究工作始于20世纪50年代，当时发达国家主要集中于污染源化学组成及其含量等方面的研究，尤其在污染源控制领域取得了突破性进展。这些成果广泛被应用于当前的自动连续监测体系中，是生态环境监测的重要技术保障。

我国生态环境监测制度与规范的建立始于20世纪70年代。20世纪80年代之后环境监测工作得到了进一步的巩固和发展，全国自上而下（中央、省、市、县）都建立了环境监测站。国家将环境保护定为基本国策，成立独立的环境保护部门，全国各相关部门和行业按照职能分工，在各领域开展生态环境监测工作。水质监测工作在地矿部门、水利部门、海洋部门陆续展开，气象部门也开展了酸雨监测工作。从20世纪90年代开始，生态环境监测技术的发展进一步提速，国家生态环境监测和环境保护的纲领性文件、各种监测规范相继被制定，各种新技术在生态环境监测中得到应用，建成了以环境质量为核心的监测网络，同时建立了先进的大气、地表水自动监测网络，实施了实时监测和日报、周报制度。

目前，我国生态环境监测以生态环境分析作为主导技术手段，以物理技术为主，同时兼有生物以及生态系统性监测，整个体系已经基本成型，为协调我国生态环境发展提供重要制度保障。我国的生态环境监测技术已经涵盖日常生活中的方方面面，一个新的生态环境监测网络系统已经逐渐在全国范围内建立起来。这主要体现在以下几个方面：生物技术在森林和绿地等生态系统中的应用；3S 技术在水资源、水环境和湿地研究中的应用；理化科学在水污染、光污染等问题中的应用；无线传感器、点云库等信息技术在生态环境监测中的应用。

2.2　生态环境监测的发展方向

虽然我国生态环境监测在多年的发展中取得了不少成果，但与国际上的生态环境监测先进技术水平相比仍存在一定差距，为实现生态文明和可持续发展目标要求，还有大量的工作要做。今后的发展方向主要集中在以下几个方面：

（1）在监测项目方面要加强对有毒有害污染物的监测研究；

（2）监测精度方面将趋向痕量、超痕量级分析的方向发展；

（3）监测介质方面将转变为对整个体系的水、土、气、生等全面监测；

（4）监测技术更为多元化发展，监测设备不断改进；

（5）加强对在线连续自动化监测系统的研究和开发；

（6）重视突发污染事件的应急监测，加强现场快速监测分析技术的研究；

（7）构建完善、安全、稳定的生态环境监测网络。

第二章 生态环境监测方法指标及评价

生态环境作为影响人类生活和生产活动的各种自然力量（物质和能量）或作用的总和，对其进行描述与评价十分复杂。针对不同监测对象、不同的监测技术、不同的用途，我国紧密结合国际经验与自身特点，形成了独特的方法与指标体系。

第一节　生态环境监测方法

1.1　生态系统监测方法

生态系统监测是采用物理、化学、生物以及生态学等技术方法，监测生态环境要素、生物与环境之间的关系、生态系统结构和功能。通过监视生态系统及其他相关圈层（大气圈和水圈）的状况，了解演变的进程，查明人类活动对生态系统演变所起的作用。

为反映生态系统指标的现状及变化趋势，首先需要对所涉及的指标进行具体测量，获得某一指标的特征数据，然后进行统计分析。这需要根据具体条件选择适当的方法，并制定相应的技术路线和最佳监测方案。具体流程如下：（1）提出具体的生态问题；（2）建立生态监测台站；（3）确定监测内容以及具体方案，明确生态系统要素及监测指标；（4）记录和整理监测数据及实验分析数据；（5）建立数据库；（6）输出数据；（7）编制专题报表，提供决策服务。

在选用生态监测技术方法时，首先需要采用国家标准方法，若没有相关的标准规范，则尽量采用学科公认的方法。特殊指标可参照生态站常用的监测方法。

1.1.1　遥感监测法

遥感监测的数据源常采用中高分辨率遥感影像，为突出地表植被特征，成像时间要求在植被生长期5～10月之间。为保证影像质量，云量覆盖要求每景小于10%。影像根据研究区位置选择合适的中央经线，采用等面积割圆锥投影（albers conical equal area）作为标准投影，椭球体选择 krosovsky。预处理和几何纠正后的遥感影像与控制影像相对误差要求不大于1个像元。

遥感影像解译需要结合地表季相和地貌类型等特征，在遥感影像专业处理软件的辅助下，以目视解译为主，辅以计算机自动解译，也可以采用机器学习等方法进行判读和矢量化。最后对矢量化的图斑建立拓扑关系，质量检查结束后解译工作完成。

1.1.2　地面核查法

地面核查的地面样点布设要符合综合性、典型性、可行性和连续性的原则，既要覆盖所有生态系统类型，又要综合反映调查区的地貌、气候和植被地域分异特点。对新增变化区、人类活动影响突出区以及生态环境脆弱区要重点关注，综合考虑人、财、物及其他客观因素，结合现有数据，设计出科学的实施方案。

地面核查时，典型地物类型尽量齐全且同一地物不被重复选择，影像中像元数量不少于4×4个，两核查点之间实际距离不小于3 000 m。将核查地物和边界核查点的地理位置、环境特征、相片编号等信息记录在核查记录表上并判断正误，拍摄远近景相片各一张。记录沿地面核查路线的典型生态环境类型、生态环境破坏状况和生态环境灾害发生地点等，并收集录像、照片及其他相关资料。

1.2　大气环境监测

大气环境监测主要包括三个部分：固体颗粒物（TSP、IP、自然降尘）、气态污染物（有机、无机污染物）和大气降水监测。研究大气环境污染问题时，掌握气体的实际状态十分重要，因而要求测量技术能够在保证精度的同时也能便捷地测定气样浓度，具体需根据测量项目的实际情况选择相应的监测分析方法。

1.2.1　重量法

根据《大气飘尘浓度测定方法》（GB/T 6921—1986）和《环境空气　总悬浮颗粒物的测定　重量法》（GB /T 15432—1995），监测大气中的固体颗粒物质量浓度采用重量法。首先将待测气体通过具有一定切割特征的采样器，以恒速抽取一定体积的气体，切除不符合监测条件的固体颗粒物，将待测颗粒物截留在已恒重的滤膜上，然后在相同的平衡条件下测量采样前后滤膜质量之差及气体采样体积，即可计算固体颗粒物的质量浓度。该滤膜经处理后，还可进行组分分析。

1.2.2　红外吸收光谱法

每种气体都会吸收红外光能量，在红外光中吸收最强部分对应的频率称作特征吸收频率。因此，当光透过气体时，气体会吸收光能，尤其在其特征吸收频率谱线的光能量减弱更为明显。理论和实践证明，每种气体在红外辐射波段都有一条或者若干条属于自己的特征吸收谱线。红外吸收光谱不仅应用于气体浓度的测量，还广泛应用于根据特征吸收频率来识别不同分子的结构。

1.2.3　电化学法

电化学法利用化学原理输出与气体浓度相关的电信号。成分测定功能具有一定的专属性质，因此各气体的传感装置都不尽相同。有机、无机的典型气态污染物都可以采用电化学法研制的传感器监测。

1.3　水质环境监测

1.3.1　传统理化监测

在地表水水质监测中，物理监测指标数据的获取相对较为容易。常用的物理指标监测仪器有浊度仪、滤光光度计、电导率仪等，分别用于测定水体浊度、色度和电导率。能同时测定多项物理指标的多功能水质监测仪也广泛应用。

随着国家对有毒有机物污染监测的重视，化学指标成为地表水监测的重点，监测仪器的研发取得了重大突破。大中型实验室监测仪开始应用于国内一些监测站，可现场实时监测 Zn、Fe、Pb、Cd、Hg、Cr、Mn 等重金属以及卤族元素、铵态氮、亚硝态氮、凯氏氮、磷酸根、氰化物、酚类、阴离子洗涤剂及硒等物质。

1.3.2　生物监测

生物监测是利用生物个体、种群或群落对环境污染变化所产生的反应阐明环境的污染状况。它是水环境污染监测方法之一，具有敏感性、富集性、长期性和综合性等特点。目前在实际监测中已经应用的生物监测方法主要包括生物指数法、种类多样性指数法、微型生物群落监测方法、生物毒性试验、生物残毒测定、生态毒理学方法等，涉及的水生生物涵盖了单细胞藻类、原生生物、底栖生物、鱼类和两栖类生物。

1.3.3　遥感监测

遥感监测是采用遥感影像监测大气、水体、土壤等的环境变化。常基于参数光谱特性选择合适的遥感波段数据，同地面实测参数数据之间进行经验分析或统计分析，建立参数反演算法模型。遥感监测具有监测范围广、获取速度快、运行成本低的优点，可用于长期动态监测环境在时空上的分布和变化，发现污染源和揭示污染物的迁徙特征。

1.4　土壤环境监测

土壤环境监测包括土壤样品的预处理和分析测定两部分。土壤样品的预处理是指将采集的土壤样品及时风干，防止发霉而引起性质改变。具体操作：首先将土壤样品磨碎铺放在平板上，摊成薄层置于阴凉通风处风干，并常翻动以便快速风干，对风干后的土样进行磨细过筛处理，切忌阳光直接暴晒。分析测定的方法包括重量法、容量法、原子吸收光谱法、分光光度法、原子荧光光度法、气相色谱法、电化学法及化学分析法等。

重量法主要用来测定土壤中的水分含量。容量法用于浸出物中含量较高的成分测定，如 Ca^{2+}、Mg^{2+}、Cl^-。原子吸收光谱法、分光光度法、原子荧光光度法等离子体发射光谱法主要用于重金属如 Cu、Cd、Cr、Pb、Hg、Zn 等的测定。气相色谱法用于有机氯、有机磷以及有机汞等农药的测定。

第二节 生态环境监测指标及评价

2.1 生态系统监测指标依据

根据国土资源部 2017 年组织修订的《土地利用现状分类》(GB/T 21010—2017),土地利用现状分类采用一级、二级两个层次的分类体系,共分 12 个一级类、73 个二级类(见表2.1)。

表 2.1 土地利用现状分类

土地利用现状分类			
一级类		二级类	
编号	名称	编号	名称
01	耕地	0101	水田
		0102	水浇地
		0103	旱地
02	园地	0201	果园
		0202	茶园
		0203	橡胶园
		0204	其他园地
03	林地	0301	乔木林地
		0302	竹林地
		0303	红树林地
		0304	森林沼泽
		0305	灌木林地
		0306	灌丛沼泽
		0307	其他林地
04	草地	0401	天然牧草地
		0402	沼泽草地
		0403	人工牧草地
		0404	其他草地
05	商服用地	0501	零售商业用地
		0502	批发市场用地
		0503	餐饮用地
		0504	旅馆用地
		0505	商务金融用地
		0506	娱乐用地
		0507	其他商服用地
06	工矿仓储用地	0601	工业用地
		0602	采矿用地
		0603	盐田
		0604	仓储用地
07	住宅用地	0701	城镇住宅用地
		0702	农村宅基地

一级类		二级类	
编号	名称	编号	名称
08	公共管理与公共服务用地	0801	机关团体用地
		0802	新闻出版用地
		0803	教育用地
		0804	科研用地
		0805	医疗卫生用地
		0806	社会福利用地
		0807	文化设施用地
		0808	体育用地
		0809	公用设施用地
		0810	公园与绿地
09	特殊用地	0901	军事设施用地
		0902	使领馆用地
		0903	监教场所用地
		0904	宗教用地
		0905	殡葬用地
		0906	风景名胜设施用地
10	交通运输用地	1001	铁路用地
		1002	轨道交通用地
		1003	公路用地
		1004	城镇村道路用地
		1005	交通服务场站用地
		1006	农村道路
		1007	机场用地
		1008	港口码头用地
		1009	管道运输用地
11	水域及水利设施用地	1101	河流水面
		1102	湖泊水面
		1103	水库水面
		1104	坑塘水面
		1105	沿海滩涂
		1106	内陆滩涂
		1107	沟渠
		1108	沼泽地
		1109	水工建筑用地
		1110	冰川及永久积雪
12	其他土地	1201	空闲地
		1202	设施农用地
		1203	田坎
		1204	盐碱地
		1205	沙地
		1206	裸土地
		1207	裸岩石砾地

2.2　生态系统评价方法

2.2.1　生态系统占地比重

生态系统占地比重是指某种生态系统类型的占地面积与区域土地总面积的百分比，用于描述生态系统类型的区域分布。其计算公式是

$$D = \frac{S_b}{S} \times 100\% \tag{2.1}$$

式中，D ——某种生态系统类型的占地比重，单位为%；

S_b ——该生态系统类型的占地面积，单位为 km²；

S ——区域土地总面积，单位为 km²。

2.2.2　生态系统占地面积年平均变化率

生态系统占地面积年平均变化率用于描述某一时段内某种生态系统占地面积变化情况。其计算公式是

$$K = \frac{U_b - U_a}{U_a} \times \frac{1}{T} \times 100\% \tag{2.2}$$

式中，K ——某种生态系统类型占地面积年平均变化率，单位为%；

U_a、U_b ——分别为时间段 a 与 b 之间的某种生态系统类型的面积，单位为 km²；

T ——时间段 $b-a$，单位为年。

2.2.3　生态系统占地面积变化强度指数

生态系统占地面积变化强度指数指某一时段内某种生态系统类型占地面积变化数量与区域土地总面积的百分比。其计算公式是

$$L_{ab} = \frac{U_b - U_a}{S} \times 100\% \tag{2.3}$$

式中，L_{ab} ——时间段 a 与 b 之间的某种生态系统类型占地面积变化强度指数；

U_a、U_b ——分别为时间段 a 与 b 之间的某种生态系统类型的面积，单位为 km²；

S ——区域土地总面积，单位为 km²。

2.2.4　生态环境质量评价方法

2.2.4.1　生物丰度指数的权重及计算方法
生物丰度指数分权重见表2.2。

表2.2 生物丰度指数分权重

生态环境类型	林地			草地			水域湿地			耕地		建设用地			未利用地			
权重	0.35			0.21			0.28			0.11		0.04			0.01				
结构类型	有林地	灌木林地	疏林地和其他林地	高覆盖度草地	中覆盖度草地	低覆盖度草地	河流	湖泊(库)	滩涂湿地	水田	旱地	城镇建设用地	农村居民点	其他建设用地	沙地	盐碱地	裸土地	裸岩石砾
分权重	0.6	0.25	0.15	0.6	0.3	0.1	0.1	0.3	0.6	0.6	0.4	0.3	0.4	0.3	0.2	0.3	0.3	0.2

计算方法：

生物丰度指数= A_{bio} ×（0.35×林地+0.21×草地+0.28×水域湿地+0.11×耕地+0.04×建设用地+0.01×未利用地）/区域面积 (2.4)

式中，A_{bio}——生物丰度指数的归一化系数。

2.2.4.2 植物覆盖指数的权重及计算方法

植被覆盖指数分权重见表2.3。

表2.3 植被覆盖指数分权重

生态环境类型	林地			草地			耕地		建设用地			未利用地			
权重	0.38			0.34			0.19		0.07			0.02			
结构类型	有林地	灌木林地	疏林地和其他林地	高覆盖度草地	中覆盖度草地	低覆盖度草地	水田	旱地	城镇建设用地	农村居民点	其他建设用地	沙地	盐碱地	裸土地	裸岩石砾
分权重	0.6	0.25	0.15	0.6	0.3	0.1	0.6	0.4	0.3	0.4	0.3	0.2	0.3	0.3	0.2

计算方法：

植被覆盖指数= A_{veg} ×（0.38×林地+0.34×草地+0.19×耕地+0.07×建设用地+0.02×未利用地）/区域面积 (2.5)

式中，A_{veg}——植被覆盖指数的归一化系数。

2.2.4.3 水网密度指数计算方法

水网密度指数= A_{riv} ×河流长度/区域面积+ A_{lak} ×湖库（近海）面积/区域面积+ A_{res} ×水资源量/区域面积 (2.6)

式中，A_{riv}——河流长度的归一化指数；

A_{lak}——湖库面积的归一化指数；

A_{res}——水资源量的归一化指数。

2.2.4.4 土地退化指数的权重及计算方法

土地退化指数分权重见表2.4。

表2.4 土地退化指数分权重

土地退化类型	轻度侵蚀	中度侵蚀	重度侵蚀
分权重	0.05	0.25	0.7

计算方法：

土地退化指数= A_{ero} ×（0.05×轻度侵蚀面积+0.25×中度侵蚀面积+0.7×重度侵蚀面积）/区域面积   (2.7)

式中，A_{ero}——土地退化指数的归一化系数。

2.2.4.5 环境质量指数的权重及计算方法

环境质量指数分权重见表2.5。

表2.5 环境质量指数分权重

类型	二氧化硫（SO₂）	化学需氧量（COD）	固体废物
分权重	0.4	0.4	0.2

计算方法：

环境质量指数=0.4×（100- A_{SO_2} × SO₂ 排放量/区域面积）+0.4×（100- A_{COD} ×COD 排放量/区域年均降雨量）+0.2×（100- A_{sol} ×固体废物排放量/区域面积）   (2.8)

式中，A_{SO_2}——SO₂ 的归一化系数；

A_{COD}——COD的归一化系数；

A_{sol}——固体废物的归一化系数。

2.2.4.6 生态环境状况指数（ecological lndex，EI）计算方法

各项评价指标权重见表2.6。

表2.6 各项评价指标权重

指标	生物丰度指数	植被覆盖指数	水网密度指数	土地退化指数	环境质量指数
权重	0.25	0.2	0.2	0.2	0.15

EI计算方法：

EI=0.25×生物丰度指数+0.2×植被覆盖指数+0.2×水网密度指数+0.2×（100-土地退化指数）+0.15×环境质量指数   (2.9)

2.2.4.7 生态环境分级状况

根据生态环境状况指数，将生态环境分为五级，即优、良、一般、较差和差，见表2.7。

表2.7　生态环境状况分级

级别	优	良	一般	较差	差
指数	$EI \geqslant 75$	$55 \leqslant EI < 75$	$35 \leqslant EI < 55$	$20 \leqslant EI < 35$	$EI < 20$
状态	植被覆盖度高，生物多样性丰富，生态系统稳定，最适合人类生存	植被覆盖度较高，生物多样性较丰富，基本适合人类生存	植被覆盖度中等，生物多样性一般水平，较适合人类生存，但有不适人类生存的制约性因子出现	植被覆盖较差，严重干旱少雨，物种较少，存在着明显限制人类生存的因素	条件较恶劣，人类生存环境恶劣

2.2.4.8　生态环境状况变化分级

生态环境状况变化幅度分为4级，即无明显变化、略有变化（好或差）、明显变化（好或差）、显著变化（好或差），见表2.8。

表2.8　生态环境状况变化度分级

级别	无明显变化	略有变化	明显变化	显著变化
变化值	$|\Delta EI| \leqslant 2$	$2 < |\Delta EI| \leqslant 5$	$5 < |\Delta EI| \leqslant 10$	$|\Delta EI| > 10$
描述	生态环境状况无明显变化	若$2 < \Delta EI \leqslant 5$，则生态环境状况略微变好；若$-2 > \Delta EI \geqslant -5$，则生态环境状况略微变差	若$5 < \Delta EI \leqslant 10$，则生态环境状况明显变好；若$-5 > \Delta EI \geqslant -10$，则生态环境状况明显变差	若$\Delta EI > 10$，则生态环境状况显著变好；若$\Delta EI < -10$，则生态环境状况显著变差

2.3　生物群落监测指标与评价

生物群落是一定时期内生活在某一地段上的各种生物种群的有规律的组合，物种组成及其数量状况是决定生物群落性质和类型的最重要因素。生物群落种类与数量变化用于反映区域生物多样性变化状况。

2.3.1　生物群落监测指标体系

生物群落监测指标体系见表2.9。

表2.9　生物群落监测指标体系

生物群落	监测范围	监测指标	
陆地生物	陆地	受威胁物种	种类、数量
		中国特有物种	
		外来入侵物种	

生物群落	监测范围	监测指标	
水生生物	河流	总大肠菌群	数量
		浮游植物	种类、数量
		着生生物	
		底栖动物	
		鱼类	
	湖泊、水库	叶绿素a	数量
		总大肠菌群	
		浮游植物	种类、数量
		浮游动物	
		底栖动物	
		鱼类	
海洋生物	近岸海域	叶绿素a	数量
		粪大肠菌群	
		浮游植物	种类、数量
		浮游动物	
		赤潮生物	
		底栖动物	

2.3.2 陆地生物群落评价

2.3.2.1 物种受威胁程度

物种受威胁程度用受威胁物种丰富度表示。其计算公式为

$$E = \frac{1}{2}\left(\frac{N_{TV}}{S_V} + \frac{N_{TP}}{S_P}\right) \tag{2.10}$$

式中，E ——受威胁物种丰富度；

N_{TV} ——区域内受威胁野生脊椎动物物种数；

N_{TP} ——区域内受威胁野生维管束植物物种数；

S_V ——区域内野生脊椎动物物种总数；

S_P ——区域内野生维管束植物物种总数。

2.3.2.2 物种特有性

物种特有性是指区域内中国特有的野生脊椎动物和野生维管束植物的相对数量，用于表征物种的特殊价值。其计算公式为

$$E_S = \frac{1}{2}\left(\frac{N_{EV}}{S_V} + \frac{N_{EP}}{S_P}\right) \tag{2.11}$$

式中，E_s——物种特有性；

N_{EV}——区域内中国特有野生脊椎动物物种数；

N_{EP}——区域内中国特有野生维管束植物物种数。

2.3.2.3 外来物种入侵度

外来物种入侵度是指区域内外来入侵物种数与区域内野生脊椎动物物种总数和野生维管束植物物种总数的和之比，用于表征生态系统受到外来物种干扰的程度。其计算公式为

$$I = N_i/(S_V + S_P) \tag{2.12}$$

式中，I——外来物种入侵度；

N_i——区域内外来入侵物种数。

2.3.3 水生生物群落评价方法

2.3.3.1 Shannon-Weiner 多样性指数

本方法用于描述生物群落的结构状况，适用于藻类和底栖动物的多样性评价。其计算公式为

$$H = -\sum_{i=1}^{S_n} P_i \ln P_i \tag{2.13}$$

式中，H——Shannon-Weiner 多样性指数。多样性指数越大，生物群落结构越复杂，水环境状况越好。

P_i——第 i 种个体数 n_i 与总个体数 N 的比例，即 $P_i=n_i/N_i$。

S_n——生物种类数。

2.3.3.2 Margalef 丰富度指数

本方法用于评价浮游生物的丰寡状况。其计算公式为

$$d = (S_n-1)/\ln N \tag{2.14}$$

式中，d——Margalef 丰富度指数。丰富度指数越大，生物种类越丰富，水环境状况越好。

S_n——生物种类数。

N——样品中生物的总个数。

2.3.3.3 Pielou 均匀度指数

本方法用于评价浮游生物个体数目在各种类间分配的均匀程度。其计算公式为

$$J = H/\log_2 S_n \tag{2.15}$$

式中，J——Pielou 均匀度指数。均匀度指数越大，物种个体数目差异越小，水环境状况越好。

H——Shannon-Weiner 多样性指数。

S_n——生物种类数。

2.3.2.4 优势度指数

本方法用于评价少数耐污种类在浮游生物群落中的集中程度。其计算公式为

$$D_s=(N_1+N_2)/N \tag{2.16}$$

式中，D_s——优势度指数。优势度指数越大，说明耐污种类个体数量越集中。

N_1——样品中第一优势种的个体数。

N_2——样品中第二优势种的个体数。

N——样品中生物的总个数。

2.3.4 海洋生物群落评价方法

参照2.3.3。

2.4 污染生态监测指标与评价

污染生态监测是利用生物对环境污染的反应来监测环境污染状况的过程。常用环境指示生物来进行监测，其中包括反应指示生物和累积指示生物。反应指示生物是指敏感的环境指示生物，它以特别的危害作用如叶片坏死、生长抑制或过早的针叶脱落反应等显示污染物质的影响；累积指示生物是指抗污染相对较强的环境指示生物，它吸收并贮存污染物，而其外部没有遭受明显的危害，其特点是具有较大的环境容量，并累积污染物，这些污染物能够用于实验分析。

2.4.1 污染生态监测指标

环境指示生物的选择、适用范围、采样部位、监测分析方法及监测频率详见表2.10。

表2.10 污染生态监测指标体系

环境指示生物		适用范围	采样部位	监测分析方法	监测频率
反应指示生物	树生苔藓	大气SO_2污染	生物量	野外调查观测生物量的变化	1次/年
	地衣				
	紫花苜蓿		受害叶片	野外调查观测叶片受害症状	1次/年
累积指示生物	垂柳	大气SO_2污染	成熟叶片	化学分析法测定叶片SO_2含量	1次/年
	加拿大杨				1次/年
	鲤鱼	水体重金属及有机污染物	肌肉	化学分析法测定鱼肉中重金属及有机污染物含量	1次/年
	鲫鱼				1次/年
	鲢鱼				1次/年

2.4.2 污染生态评价

2.4.2.1 生物伤害度指数法

生物伤害度指数用于反映植物体外部明显的伤害特征，可表征为阔叶叶片伤害面积或针叶伤害长度与阔叶叶片面积或针叶长度之比。用公式表示如下：

$$F = S_m/S_0 \tag{2.17}$$

式中，F——生物伤害度指数；

　　S_m——阔叶叶片伤害面积（cm²）或针叶伤害长度（cm）；

　　S_0——阔叶叶片面积（cm²）或针叶长度（cm）。

2.4.2.2 生物污染指数法

生物污染指数反映生物体内污染物含量的变化状况，可表征为生物体内污染物的含量与生物体所能忍受的污染物的最大含量之比。其数学表达式为

$$I_0 = C_m/C_0 \tag{2.18}$$

式中，I_0——生物污染指数；

　　C_m——生物体内污染物的含量，单位为 mg/kg；

　　C_0——生物体所能忍受的污染物的最大含量或官方确定的生物体内污染物的最大值，单位为 mg/kg。

2.4.2.3 污染生态状况分类

依据生物伤害度指数和生物污染指数将污染生态状况划分为4类，其分类指标见表2.11。

表2.11 污染生态状况分类

污染状况类型	生物伤害度指数	生物污染指数	状态描述
Ⅰ 无污染	0	0	生物体未受明显伤害,生物体内未检出污染物,环境未受到污染,环境质量最好
Ⅱ 轻污染	0	0～0.5	生物体未受明显伤害,生物体内污染物含量不超过其最大忍受能力的一半,环境质量受到轻污染
Ⅲ 中污染	0	0.5～1	生物体未受明显伤害,生物体内污染物含量超过其最大忍受能力的一半,尚未超过其最大忍受能力,环境受到污染
Ⅳ 重污染	0～1	≥1	生物体受到明显伤害,生物体内污染物含量达到或超过其最大忍受能力,环境污染严重或非常严重

2.5 大气质量监测指标与评价

大气质量监测是指对一个地区大气中的主要污染物进行布点观测，并由此评价大气环境质量的过程。大气质量监测通常根据一个地区的规模、大气污染源分布情况和源强、气象条件、地形地貌等因素，在这一地区选定几个或十几个具有代表性的测点（大气采样点），进行规定项目的定期监测。

2.5.1 大气质量监测指标

环境空气质量评价监测项目见表2.12。

表2.12　环境空气质量评价监测项目

监测类型	监测项目
基本项目	二氧化硫(SO_2)、二氧化氮(NO_2)、一氧化碳(CO)、臭氧(O_3)、可吸入颗粒物(PM_{10})、细颗粒物($PM_{2.5}$)
湿沉降	降雨量、pH、电导率、氯离子、硝酸根离子、硫酸根离子、钙离子、镁离子、钾离子、钠离子、铵离子等
有机物	挥发性有机物(VOCs)、持久性有机物(POPs)等
温室气体	二氧化碳(CO_2)、甲烷(CH_4)、氧化亚氮(N_2O)、六氟化硫(SF_6)、氢氟碳化物(HFCs)、全氟化碳(PFCs)
颗粒物主要物理化学特性	颗粒物数浓度谱分布、$PM_{2.5}$或PM_{10}中的有机碳、元素碳、硫酸盐、硝酸盐、氧盐、钾盐、钙盐、钠盐、镁盐、铵盐等

2.5.2　大气质量评价

2.5.2.1　空气质量分指数分级方案

空气质量分指数及对应的污染物项目浓度限值见表2.13。

表2.13　空气质量分指数及对应的污染物项目浓度限值

空气质量分指数(IAQI)	污染物项目浓度限值									
	二氧化硫(SO_2)24小时平均/($\mu g/m^3$)	二氧化硫(SO_2)1小时平均/($\mu g/m^3$)[1]	二氧化氮(NO_2)24小时平均/($\mu g/m^3$)	二氧化氮(NO_2)1小时平均/($\mu g/m^3$)[1]	颗粒物(粒径小于等于10 μm)24小时平均/($\mu g/m^3$)	一氧化碳(CO)24小时平均/(mg/m^3)	一氧化碳(CO)1小时平均/(mg/m^3)[1]	臭氧(O_3)1小时平均/($\mu g/m^3$)	臭氧(O_3)8小时平均/($\mu g/m^3$)	颗粒物(粒径小于等于2.5 μm)24小时平均/($\mu g/m^3$)
0	0	0	0	0	0	0	0	0	0	0
50	50	150	40	100	50	2	5	160	100	35
100	150	500	80	200	150	4	10	200	160	75
150	475	650	180	700	250	14	35	300	215	115
200	800	800	280	1 200	350	24	60	400	265	150
300	1 600	[2]	565	2 340	420	36	90	800	800	250
400	2 100	[2]	750	3 090	500	48	120	1 000	[3]	350
500	2 620	[2]	940	3 840	600	60	150	1 200	[3]	500

说明:

(1)二氧化硫(SO_2)、二氧化氮(NO_2)和一氧化碳(CO)的1小时平均浓度限值仅用于实时报,在日报中需使用相应污染物的24小时平均浓度限值。

(2)二氧化硫(SO_2)1小时平均浓度值高于800 μg/m³的,不再进行其空气质量分指数计算,二氧化硫(SO_2)空气质量分指数按24小时平均浓度计算的分指数报告。

(3)臭氧(O_3)8小时平均浓度值高于800 μg/m³的,不再进行其空气质量分指数计算,臭氧(O_3)空气质量分指数按1小时平均浓度计算的分指数报告。

2.5.2.2　空气质量分指数计算方法

污染物项目P的空气质量分指数按式（2.19）计算：

$$IAQI_P = \frac{IAQI_{Hi} - IAQI_{Lo}}{BP_{Hi} - BP_{Lo}}(C_P - BP_{Lo}) + IAQI_{Lo} \tag{2.19}$$

式中，　$IAQI_P$——污染物项目P的空气质量分指数；

　　　　C_P——污染物项目P的质量浓度值；

　　　　BP_{Hi}——表2.13中与C_P相近的污染物浓度限值的高位值；

　　　　BP_{Lo}——表2.13中与C_P相近的污染物浓度限值的低位值；

　　　　$IAQI_{Hi}$——表2.13中与BP_{Hi}对应的空气质量分指数；

　　　　$IAQI_{Lo}$——表2.13中与BP_{Lo}对应的空气质量分指数。

2.5.2.3　空气质量指数级别

空气质量指数级别根据表2.14的规定划分。

表2.14　空气质量指数级别及相关信息

空气质量指数	空气质量指数级别	空气质量指数类别及表示颜色		对健康的影响情况	建议采取的措施
0～50	一级	优	绿色	空气质量令人满意，基本无空气污染	各类人群可正常活动
51～100	二级	良	黄色	空气质量可接受，但某些污染物可能对极少数异常敏感人群健康有较弱影响	极少数异常敏感人群应减少户外活动
101～150	三级	轻度污染	橙色	易感人群症状有轻度加剧，健康人群出现刺激症状	儿童、老年人及心脏病、呼吸系统疾病患者应减少长时间、高强度的户外锻炼
151～200	四级	中度污染	红色	进一步加剧易感人群症状，可能对健康人群心脏、呼吸系统有影响	儿童、老年人及心脏病、呼吸系统疾病患者避免长时间、高强度的户外锻炼，一般人群适量减少户外运动
201～300	五级	重度污染	紫色	心脏病和肺病患者症状显著加剧，运动耐受力降低，健康人群普遍出现症状	儿童、老年人和心脏病、肺病患者应停留在室内，停止户外运动，一般人群减少户外运动
＞300	六级	严重污染	褐红色	健康人群运动耐受力降低，有明显强烈症状，提前出现某些疾病	儿童、老年人和病人应当留在室内，避免体力消耗，一般人群应避免户外活动

2.5.2.4　空气质量指数及首要污染物的确定方法

空气质量指数按式（2.20）计算：

$$AQI = \max\{IAQI_1, IAQI_2, IAQI_3, \cdots, IAQI_n\} \tag{2.20}$$

式中，$IAQI$——空气质量分指数；

　　　n——污染物项目。

当空气质量指数（AQI）大于50时，$IAQI$最大的污染物为首要污染物。若$IAQI$

最大的污染物为两项或两项以上，则并列为首要污染物。*IAQI* 大于 100 的污染物为超标污染物。

2.6 水质环境监测指标与评价

水质环境监测是指监测水体中污染物种类和污染物浓度，分析其变化趋势，评价水质变化过程。监测范围包括已污染和未受污染的天然水（江、河、湖、海和地下水）及各类工业排放水等。监测项目可分为两大类：一类是反映水质状况的综合指标，如温度、色度、浊度、pH、电导率、悬浮物、溶解氧、化学需氧量和生化需氧量等；另一类是一些有毒物质，如氰、砷、铅、铬、镉、汞和有机农药等。

河流监测指标为《地表水环境质量标准》（GB 3838—2002）中要求的基本项目（见表2.15），以及流量、电导率。湖、库增加监测透明度、总氮、叶绿素a和水位等指标。

表 2.15　地表水环境质量标准基本项目标准限值　　　　　　单位：mg/L

序号	标准值　　分类　　项目		Ⅰ类	Ⅱ类	Ⅲ类	Ⅳ类	Ⅴ类
1	水温(℃)		人为造成的环境水温变化应限制在：周平均最大温升≤1，周平均最大温降≤2				
2	pH(无量纲)		6～9				
3	溶解氧	≥	饱和率90%（或7.5）	6	5	3	2
4	高锰酸盐指数	≤	2	4	6	10	15
5	化学需氧量(COD)	≤	15	15	20	30	40
6	五日生化需氧量(BOD_5)	≤	3	3	4	6	10
7	氨氮(NH_3-N)	≤	0.15	0.5	1.0	1.5	2.0
8	总磷(以P计)	≤	0.02（湖、库0.01）	0.1（湖、库0.025）	0.2（湖、库0.05）	0.3（湖、库0.1）	0.4（湖、库0.2）
9	总氮(湖、库,以N计)	≤	0.2	0.5	1.0	1.5	2.0
10	铜	≤	0.01	1.0	1.0	1.0	1.0
11	锌	≤	0.05	1.0	1.0	2.0	2.0
12	氟化物(以F计)	≤	1.0	1.0	1.0	1.5	1.5
13	硒	≤	0.01	0.01	0.01	0.02	0.02
14	砷	≤	0.05	0.05	0.05	0.1	0.1
15	汞	≤	0.000 05	0.000 05	0.000 1	0.001	0.001
16	镉	≤	0.001	0.005	0.005	0.005	0.01
17	铬(六价)	≤	0.01	0.05	0.05	0.05	0.1

序号	标准值 / 分类 项目	Ⅰ类	Ⅱ类	Ⅲ类	Ⅳ类	Ⅴ类
18	铅 ≤	0.01	0.01	0.05	0.05	0.1
19	氰化物 ≤	0.005	0.05	0.2	0.2	0.2
20	挥发酚 ≤	0.002	0.002	0.005	0.01	0.1
21	石油类 ≤	0.05	0.05	0.05	0.5	1.0
22	阴离子表面活性剂 ≤	0.2	0.2	0.2	0.3	0.3
23	硫化物 ≤	0.05	0.1	0.2	0.5	1.0
24	粪大肠菌群(个/L) ≤	200	2 000	10 000	20 000	40 000

2.6.1 水质环境监测指标

2.6.2 水质环境质量评价

地表水环境质量评价根据应实现的水域功能类别，选取相应类别标准，进行单因子评价，评价结果应说明水质达标情况，超标的应说明超标项目和超标倍数。

丰、平、枯水期特征明显的水域，应分水期进行水质评价。各水质监测项目限值见表2.15。

2.6.2.1 水质指数法

（1）一般性水质因子（随着浓度增加而水质变差的水质因子）的指数计算公式：

$$S_{i,j} = C_{i,j}/C_{si} \tag{2.21}$$

式中，$S_{i,j}$——评价因子 i 的水质指数，大于1表明该水质因子超标；

$C_{i,j}$——评价因子 i 在 j 点的实测统计代表值，单位为mg/L；

C_{si}——评价因子 i 的水质评价标准限值，单位为mg/L。

（2）溶解氧（DO）的标准指数计算公式：

$$S_{DO,j} = \begin{cases} \dfrac{DO_S}{DO_j} & DO_j \leqslant DO_S \\[2ex] \dfrac{|DO_f - DO_j|}{DO_f - DO_S} & DO_j > DO_f \end{cases} \tag{2.22}$$

式中，$S_{DO,j}$——溶解氧的标准指数，大于1表明该水质因子超标；

DO_j——溶解氧在 j 点的实测统计代表值，单位为mg/L；

DO_S——溶解氧的水质评价标准限值，单位为mg/L；

DO_f——饱和溶解氧浓度，单位为mg/L。对于河流，$DO_f =468/（31.6+T）$，对于盐度比较高的湖泊、水库及入海河口、近岸海域，$DO_f =(491-2.65S)/$

（33.5+T）（S——实用盐度符号，量纲一；T——水温，单位为℃）。

（3）pH的指数计算公式：

$$S_{\mathrm{pH},j} = \begin{cases} \dfrac{7.0 - \mathrm{pH}_j}{7.0 - \mathrm{pH}_{sd}} & \mathrm{pH}_j \leqslant 7.0 \\[3mm] \dfrac{\mathrm{pH}_j - 7.0}{\mathrm{pH}_{su} - 7.0} & \mathrm{pH}_j > 7.0 \end{cases} \tag{2.23}$$

式中，$S_{\mathrm{pH},j}$——pH的指数，大于1表明该水质因子超标；

　　　pH_j——pH实测统计代表值；

　　　pH_{sd}——评价标准中pH的下限值；

　　　pH_{su}——评价标准中pH的上限值。

2.6.2.2　底泥污染指数法

（1）底泥污染指数计算公式：

$$P_{i,j} = C_{i,j}/C_{si} \tag{2.24}$$

式中，$P_{i,j}$——底泥污染因子i的单项污染指数，大于1表明该污染因子超标；

　　　$C_{i,j}$——调查点位污染因子i的实测值，单位为mg/L；

　　　C_{si}——污染因子i的评价标准值或参考值，单位为mg/L。

（2）底泥污染评价标准值或参考值。

可以根据土壤环境质量标准或所在水域底泥的背景值，确定底泥污染评价标准值或参考值。

2.7　土壤环境监测指标与评价

土壤环境监测是环境监测的主要内容之一，土壤监测的目的是摸清土壤环境的本底值，对土壤环境质量进行监测、预报和控制。重点关注的是对人群健康和维持生态平衡有重要影响的污染物质。主要包括汞、镉、铅、砷、铜、铝、镍、锌、硒、铬、钒、锰、硫酸盐、硝酸盐、卤化物、碳酸盐等元素和无机污染物，石油、有机磷、有机氯农药、多环芳烃、多氯联苯、三氯乙醛及其他生物活性物质，源于粪便垃圾和生活污水的传染性细菌和病毒等。土壤污染监测结果对掌握土壤质量状况，实施土壤污染控制防治途径和质量管理有重要意义。

2.7.1　土壤环境监测指标

监测项目分为常规项目、特定项目和选测项目，每类监测项目具有相应的监测频次，两者的关系见表2.16。

常规项目：原则上为《土壤环境质量标准》中所要求控制的污染物。

特定项目：《土壤环境质量标准》中未要求控制的污染物，但根据当地环境污染状况，确认在土壤中积累较多、环境危害较大、影响范围广、毒性较强的污染物，或者在污染事故中对土壤环境造成严重不良影响的物质，具体项目由各地自行确定。

选测项目：一般包括新纳入的在土壤中积累较少的污染物，由于环境污染导致土壤性状发生改变的土壤性状指标以及生态环境指标等，由各地自行选择测定。

表2.16　土壤监测项目及频次

项目类别		监测项目	监测频次
常规项目	基本项目	pH、阳离子交换量	每3年监测一次 农田在夏收或秋收后采样
	重点项目	镉、铬、汞、砷、铅、铜、锌、镍、六六六、滴滴涕	
特定项目(污染事故)		特征项目	及时采样，根据污染物变化趋势决定监测频次
选测项目	影响产量项目	全盐量、硼、氟、氮、磷、钾等	每3年监测一次 农田在夏收或秋收后采样
	污水灌溉项目	氰化物、六价铬、挥发酚、烷基汞、苯并[a]芘、有机质、硫化物、石油类等	
	POPs与高毒类农药	苯、挥发性卤代烃、有机磷农药、PCB、PAH等	
	其他项目	结合态铝(酸雨区)、硒、钒、氧化稀土总量、钼、铁、锰、镁、钙、钠、铝、硅、放射性比活度等	

2.7.2　土壤环境质量评价

土壤环境质量评价涉及因子、标准和模式等，其中经济和技术条件现状决定了评价中所涉的因子数量与项目类型。评价标准应首先考虑采用国家土壤环境质量标准、部门（专业）土壤质量标准或区域土壤背景值。评价模式常用污染指数法或相关的评价方法。

2.7.2.1　污染指数、超标率（倍数）评价

土壤环境质量评价一般以单项污染指数为主，指数越大污染越重。当比较不同区域之间或同区域不同地段的土壤环境质量时，常结合单项污染指数和综合污染指数进行评价。虽然地区间的土壤背景存在较大差异，但是土壤污染累积指数可以较好地反映污染程度。土壤污染物分担率可用来评价某确定土壤中不同污染物的贡献。土壤污染超标倍数和样本超标率可以反映土壤环境的污染程度。计算公式如下：

土壤单项污染指数=土壤污染物实测值/土壤污染物质量标准

土壤污染累积指数=土壤污染物实测值/污染物背景值

土壤污染物分担率(%)=(土壤某项污染指数/各项污染指数之和)×100%

土壤污染超标倍数=(土壤某污染物实测值–某污染物质量标准)/某污染物质量标准

土壤污染样本超标率(%)=(土壤样本超标总数/监测样本总数)×100%

2.7.2.2　内梅罗污染指数（P_N）评价

内梅罗污染指数用于反映各污染物对土壤的作用，突出高浓度污染物对土壤环境质量的影响。计算公式为

$$P_N = \left[(PI_{mean}^2 + PI_{max}^2)/2 \right]^{1/2} \tag{2.25}$$

式中，PI_{mean}——平均单项污染指数；

　　　PI_{max}——最大单项污染指数。

按内梅罗污染指数划定污染等级，形成内梅罗污染指数土壤污染评价标准，见表2.17。

表2.17　内梅罗污染指数土壤污染评价标准

等级	内梅罗污染指数	污染等级
I	$P_N \leqslant 0.7$	清洁(安全)
II	$0.7 < P_N \leqslant 1.0$	尚清洁(警戒线)
III	$1.0 < P_N \leqslant 2.0$	轻度污染
IV	$2.0 < P_N \leqslant 3.0$	中度污染
V	$P_N > 3.0$	重污染

2.7.2.3　背景值及标准偏差评价

用区域土壤环境背景值（X）95%置信度的范围（$X \pm 2S$）来评价：设土壤某元素监测值为 X_1，若 $X_1 < X - 2S$，则该元素缺乏或属于低背景土壤；若 $X - 2S < X_1 < X + 2S$，则该元素含量正常；若 $X_1 > X + 2S$，则土壤已受该元素污染或属于高背景土壤。

2.7.2.4　综合污染指数法

综合污染指数（CPI）表达式：

$$CPI = X \cdot (1 + RPE) + Y \cdot DDMB/(Z \cdot DDSB) \tag{2.26}$$

式中，X、Y——分别为测量值超过标准值和背景值的数目；

　　　RPE——相对污染当量；

　　　$DDMB$——元素测定浓度偏离背景值的程度；

　　　$DDSB$——土壤标准偏离背景值的程度；

　　　Z——用作标准元素的数目。

主要有下列计算过程：

（1）计算相对污染量（RPE）：

$$RPE = \left[\sum_{i=1}^{N} (C_i/C_{is})^{1/n} \right] \Big/ N \tag{2.27}$$

式中，N——测定元素的数目；

　　　C_i——测定元素 i 的浓度；

　　　C_{is}——测定元素 i 的土壤标准值；

n——测定元素 i 的氧化数。

对于变价元素，应考虑价态与毒性的关系，在不同价态共存并同时用于评价时，应在计算中注意高低毒性价态的相互转换，以体现由价态不同所构成的风险差异性。

（2）计算元素测定浓度偏离背景值的程度（$DDMB$）：

$$DDMB = \left[\sum_{i=1}^{N}(C_i/C_{iB})^{1/n}\right]\Big/N \tag{2.28}$$

式中，C_{iB}——元素 i 的背景值；

其余符号意义同上。

（3）计算土壤标准偏离背景值的程度（$DDSB$）：

$$DDSB = \left[\sum_{i=1}^{N}(C_{is}/C_{iB})^{1/n}\right]\Big/Z \tag{2.29}$$

式中，Z——用于评价元素的个数；

其余符号意义同上。

最后通过计算综合污染指数（CPI），并用 CPI 评价土壤环境质量指标体系进行评价，见表2.18。

表2.18　综合污染指数（CPI）评价表

X	Y	CPI	评价
0	0	0	背景状态
0	≥1	0＜CPI＜1	未污染状态,数值大小表示偏离背景值的相对程度
≥1	≥1	≥1	污染状态,数值越大表示污染程度相对越严重

第三章

生态环境地面监测传感器技术

我国幅员辽阔，自然环境和地形复杂多样。在生态环境的感知方面，多种传感器技术都得到了充分发展。尤其近年来随着新兴技术的发展，在智能监测领域，我国逐渐走在了世界前列。

第一节　生态环境地面监测传感器类型

传感器一般是根据物理、化学、生物学的效应和规律设计而成的，大体上可分为物理型、化学型和生物型三大类。

1.1　物理传感器

物理传感器以测量物理量为目的，如长度、质量、温度、压力和电性能等。该类传感器基于物理规律和效应，把测量的物理量转化为其他形式的信号，通过确定的函数关系（如线性关系）拟合输出信号与输入信号之间的关系。常见的物理传感器有压电式传感器、压阻式传感器、电磁式传感器、热电式传感器、光导纤维传感器等。

1.2　化学传感器

化学传感器可以视为一种复合的装置，它通过某化学反应对特定的待分析物质产生响应，从而对分析物质进行定性或定量测定。此类传感器常用于监测及测量特定的一种或多种化学物质。

1.3　生物传感器

生物传感器实际上是化学传感器的子系统，也可定义为采用某种生物敏感元件与转换器相连接的一种装置。这类传感器的目标分析物是生物组分，其测量的待分析物质也可以是纯化学物质。关键不同之处在于其识别原件性质上是生物质。

第二节　常用生态环境地面监测传感器

2.1　电阻式传感器

电阻式传感器种类繁多，应用的领域十分广泛。其基本原理是将各种被测物理量转换成电阻的变化量，然后通过对电阻变化量的测量，从而实现非电量监测的过程。利用电阻式传感器可以测量直线位移、角位移、应变、力、荷重、加速度、压力、转矩、湿度、气体成分及浓度等。

1856 年，英国物理学家开尔文发现金属材料在承受压力（拉力或扭力）后产生机械形变的同时，由于材料尺寸的改变，电阻值也发生了特征性的变异，这就是金属材料应变现象的电阻效应。应变是指物体在受到外力作用下变形的程度，当外力去除后物体又能完全恢复原来状态的应变称为弹性应变。具有弹性应变的物体称为弹性元件。

人们从电阻值的变化量得出材料受力的特征和量值，从而发明了电阻式传感器。电阻式传感器是指被测量的应力（压力、荷重、扭力等）通过所产生的弹性形变转换成电阻变化的监测元件。电阻式传感器的核心元件是电阻应变片。目前应用最广泛的电阻应变片有两种：金属电阻丝和半导体应变片。

2.2　激光传感器

激光传感器是通过激光技术进行测量的传感器。它由激光器、激光检测器和测量电路组成。利用激光的高方向性、高单色性和高亮度等特点可实现无接触远距离测量。它可以通过监测信号的变化来间接监测物体的物理量，常用于长度、距离、振动、速度、方位等物理量的测量，还可用于探伤和大气污染物的监测等。激光传感器的优点是能实现无接触远距测量，响应速度快，检测精度高，抗光、抗电干扰。其在自动化领域受到了越来越多的关注。

激光传感器按工作物质划分可分为四种。

（1）固体激光器：工作物质为固体。常用的有红宝石激光器、掺钕钇铝石榴石激光器（即 YAG 激光器）和钕玻璃激光器等。这类激光器的特点是小而坚固、功率高。

（2）气体激光器：工作物质为气体。常用的有二氧化碳激光器、氦氖激光器和一氧化碳激光器等。它的特点是输出稳定、单色性好、寿命长，但功率较小，转换效率较低。

（3）液体激光器：工作物质为液体。它又可分为螯合物激光器、无机液体激光器和有机染料激光器，其中最重要的是有机染料激光器。液体激光器的最大特点是波长连续可调。

（4）半导体激光器：这类激光器发展时间不长，较成熟的有砷化镓激光器，特点是效率高、体积小、重量轻、结构简单，但输出功率较小、定向性较差、受环境温度影响较大。

激光传感器工作时，先由激光发射二极管对准目标发射激光脉冲，激光经过目标反射后向各方向散射。部分散射光返回到传感器接收器，被光学系统接收后成像到雪崩光电二极管上。雪崩光电二极管是一种内部具有放大功能的光学传感器，它能监测到极其微弱的光电信号，并将其转化为相应的电信号。常见的激光测距传感器，能记录并处理从光脉冲发出到返回被接收所经历的时间，从而测定目标距离。

2.3 称重传感器

称重传感器是将输入的重量信号或压力信号转变为电信号输出的装置。它的性能很大程度上取决于制造材料，传感器材料包括应变片材料、弹性体材料、贴片黏合剂材料、密封胶材料、引线密封材料和引线材料等几个部分。

称重传感器按转换方法主要分为液压式、光电式、电磁力式、电容式、振动式、电阻应变式等。其中，电阻应变式称重传感器由于具有结构简单、成本低和精度高等优点而被广泛应用。电阻应变式称重传感器主要由弹性元件、粘贴在弹性元件上的电阻应变计以及补偿电阻组成，其中电阻应变计和各类补偿电阻连接组成惠斯通电桥，将被测物理量的变化经过电桥比例转换成电信号的变化。

称重传感器能够感受被测物，并且按照一定规律转换成输出信号。电阻应变式称重传感器的原理：弹性元件在外力作用下发生弹性变形，使粘贴在弹性元件表面的电阻应变片随同产生变形，电阻应变片发生变形后，它的阻值发生变化，经测量电路把电阻应变片的阻值变化转换为电信号，从而将外力转换为电信号。

称重传感器的力学工作原理利用的是物质本身内在的性质——材料力学和弹性力学的基本定律。根据电阻应变效应可知，当金属电阻丝受到轴向拉力时电阻增大，受到轴向压力时电阻减小。惠斯通电桥电路适合监测电阻的微小变化，所以电阻应变片的阻值可以通过惠斯通电桥电路监测。

2.4 其他传感器

随着信息技术的发展，二维或三维图像信号的获取和微弱信号的精确提取与处理，对传感器的信号检测性能提出了更高的要求。许多新型传感器不断诞生，如微型传感器、智能传感器、图像传感器、多功能传感器、网络化传感器、多参数传感器、固态图像传感器、生物传感器、紫外荧光传感器、机器人传感器、非晶态合金传感器、微波传感器、超导传感器、液晶传感器、射线式传感器等，它们在信号监测领域发挥着极其重要的作用。与传统传感器相比，新型传感器精度更高，响应更快，可靠性更强，集成度更高，智能性更好。例如，多功能传感器能够同时监测两个以上的特性参数。传感器及测量技术正朝着微型化、智能化和多功能化的方向发展。

2.4.1 微型传感器

传统的传感器受到制作工艺与半导体集成电路工艺不兼容的限制，其在性能、尺寸和成本等方面都无法与集成电路生产的高速度、高密度、小体积以及低成本信号处理器件相适应。这制约了系统的集成化和批量化，其性能也无法充分发挥。

传感器现在正逐渐由传统的结构化生产设计转变为基于计算机辅助设计的模拟式工程化设计，从而能够在较短的时间内设计出低成本、高性能的新型系统。设计方式的改变，极大地推动了传感器向着满足更多需求的微型化方向更快发展。微型传感器不是简单地对传统传感器进行物理缩小，而是使用标准半导体工艺兼容的材料，形成新的工作机制和物化效应。通过微机电系统（micro electro mechanical systems，MEMS）加工技术制备的新一代传感器件，具有小型化、集成化的特点。

MEMS是指可对声、光、热、磁、运动等信息进行感知、识别、控制、处理的微型机电装置，它的外形尺寸在毫米量级以下，构成的机械零件和半导体元器件尺寸在微米或纳米量级。该系统采用微电子和微机械加工技术集成其零件、电路和系统并制造出来。当前微型传感器的主流工艺是来源于成熟的半导体工艺的硅基微机械加工工艺，包括体硅微机械加工工艺、表面微机械加工、微电铸技术和键合技术等，该工艺可以同时加工出大批量且几乎完全相同的机械结构。在微切削加工技术的支撑下，多层次的3D微型结构和微小微型传感器敏感元件已能顺利生产，例如毒气传感器、离子传感器、光电探测器等以硅为主要材料的传感器/探测器都装有这类敏感元件。

与传统的传感器相比，微型传感器的优点主要有以下几方面。

（1）突出的性能。一方面，通过放大传输前的信号减少干扰和噪声，提高信噪比；另一方面，通过在芯片上集成反馈和补偿线路，改善输出的线性度和频率响应特性，以降低误差和提高灵敏度。

（2）具有阵列性。既可实现在一块芯片上集成敏感元件、放大电路和补偿电路，又可以在同一芯片上集成多个相同的敏感元件。

（3）良好的兼容性。便于与微电子器件集成与封装。

（4）成本低廉。采用成熟的硅微半导体工艺加工制造，可以批量生产。

微型传感器可用于测量各种物理量、化学量和生物量，例如位移、速度、加速度、压力、应力、应变、声、光、电、磁、热、pH、离子浓度、生物分子浓度等。目前，已广泛用于航空、医疗、工农业自动化等领域的信号监测系统。

2.4.2　智能传感器

智能传感器是集成计算机技术、通信技术和传感器技术于一体而构成的系统，是当今世界正在快速发展的高新技术。以往人们认为智能传感器就是传感器的敏感元件及其信号调理电路与微处理器集成在一块芯片上，强调在工艺上将传感器与微处理器紧密结合。但是这样的描述与实际应用不符，事实上许多情况下二者并不需要集成在同一芯片上，且没有突出其主要特点，片面的定义脱离了现实，目前尚未有统一的说法。

智能传感器的突出特点是在传感器系统中融入了计算机技术和现代通信技术，可以更好地适应计算机控制系统发展，满足系统在技术上对传感器的更高要求。一方面，由于计算机的支持，传感器可以更好地挖掘信息监测效能，降低对元器件的性能要求，从而实现成本下降；另一方面，因依托于软件，传感器信息处理能力和通信能力大大增强，从而提升了系统智能化，极大地改善了传感器系统性能。因此，智能传感器可被定义为装有微处理器，能够执行信息处理和信息存储，以及具有一定逻辑思考和结论判断的传感器系统。目前，智能传感器广泛应用于测量压力、振动、冲击加速度、流量、温度、湿度等物理量。

与传统传感器相比，智能传感器具有如下一些特点。

（1）高精度和高性价比。智能传感器系统融入计算机管理及数据处理技术，可实现自动去除零点、实时对比自动标定整体系统、自动判定数据有效性等功能，在较低元器件水平下保障了测量的高精度，性价比大大提高。

（2）高可靠性与高稳定性。智能传感器系统可以实时进行故障自动检查，诊断故障详情，并做出应急处理，避免因传感器系统故障影响整个测控系统，提高了它的可靠性。另外还可以用数据处理的方式对环境变化引起的系统特性漂移进行自动补偿，有效地削弱元器件特性漂移对信号的影响，提升系统的稳定性。

（3）高信噪比与高分辨率。智能传感器系统可以依赖软件对采集的数据进行高效处理，去除输入信号中的噪声，提取所需信号，消除多参数状态下交叉灵敏度的影响，保障多参数状态下目标参量测量的分辨力，获得高信噪比和高分辨力。

（4）较强的适应能力。智能传感器通过其智能功能以及系统组态能力，可以更好地适应不同应用情景与具体要求。能够自动优化信息采集、信息处理模式和通信速率等，通过简单的系统组态可以改变量程、量纲以及输出信号的形式等，避免硬件的修改，增强了系统的适应能力。

2.4.3 固态图像传感器

固态图像传感器是一种利用光电器件的光电转换功能，将其感光面的光像转换为成比例关系的图像电信号的功能器件。固态图像传感器把光强的空间分布转换为与光强成比例的、大小不等的电荷包空间分布，然后通过移位寄存器将这些电荷包转化为一系列幅值不等的时序脉冲序列进行输出。也就是利用光敏单元的光电转换功能，固态图像传感器将投射到光敏单元上的光学图像转换成图像电信号。

固态图像传感器具有体积小、质量小、析像度高、功耗低和低电压驱动等优点。目前已广泛应用于图像处理、电视、自动控制、测量和机器人领域。它分为电荷耦合器件（charge coupled devices，CCD）图像传感器和互补金属-氧化物-半导体（CMOS）图像传感器两种。

CCD是美国贝尔实验室于1970年发明的，可作为计算机存储器以及逻辑芯片[35]。CCD是一种特殊的半导体器件，由大量独立的感光单元组成，一般这些感光单元按照矩阵形式排列。CCD的感光能力比光学倍增管（photo multiplier tube，PMT）低，但近年来CCD技术取得了长足的进步，又由于CCD的体积小、造价低，所以广泛应用于扫描仪、数码照相机及数码摄像机中。目前大多数数码照相机采用的都是CCD图像传感器。同时，由于CCD的低噪声，CCD还大量应用于空间探测、遥控遥测等，目前各种探测卫星上一般都载有CCD图像传感器。

CCD直接将光学图像转换为电荷信号，以实现图像的存储、处理和显示。其特点体现在以下四方面。

（1）体积小，质量小，能耗少，工作电压低，抗冲击与振动，寿命长。

（2）灵敏度高，噪声低，动态范围大。

（3）响应速度快，刷新时无残留痕迹，摄像启动快。

（4）利用超大规模集成电路（VLSI）技术生产，像素密度高，尺寸精确，批量生产成本低。

CMOS图像传感器是20世纪80年代为克服CCD生产工艺复杂、功耗较大、价格高、不能单片集成和有光晕、拖尾等不足之处而研制出的一种新型图像传感器。CMOS图像传感器已成为消费类数码照相机、计算机摄像头、可视电话等多功能产品的理想之物。随着技术的发展，已逐步应用于高端数码照相机和电视领域。

2.4.4 多功能传感器

在许多领域中经常需要同时测量多个物理量以便准确反映研究对象及环境，但传统的传感器只能测量一个物理量。而多功能传感器由多种敏感元件组成，其中每种敏感元件具有不同的物理或化学效应特性，同时伴随着传感器和微加工技术的发展，在同一材料或硅片上制作几种敏感元件难度逐渐降低，制成的集成化多功能传感器具有体积小、功能强的特点。

目前，多功能触觉传感器是多功能传感器中应用较广的一类，例如各类感触、刺激、视听辨别等仿生传感器不断推陈创新。其中人造皮肤触觉传感器是比较突出的成果之一，这种传感器由聚偏氯乙烯（PVDF）材料、无触点皮肤敏感系统和有压力敏感传导功能的橡胶触觉传感器等组成。

2.4.5 网络化传感器

网络化传感器是指基于TCP/IP协议的现场级传感器，该传感器可以把现场测控数据就近登录网络，在网络可达范围内进行实时发布和共享。网络化传感器设计就是有机结合标准网络协议和模块化结构，将传感器和网络技术结合起来。敏感元件输出的模拟信号经A/D转换及数据处理后，根据程序的设定和网络协议，通过网络处理装置将其封装成数据帧，并加上目的地址，通过网络接口传输到网络上；反之，网络处理器也可以接收网络上其他接点传来的数据和命令，实现对本接点的操作，于是传感器就成为测控网中的一个独立节点。

第三节　生态环境地面监测传感器的应用

3.1　温度监测

温度是表征物体冷热程度的一个物理量。它是国际单位制中7个基本物理量之

生态环境监测

一。温度与人类生活、社会生产和科学实验有着密切联系，因此研究温度的测量具有重要的意义。温度传感器是利用物质的各种物理性质随温度变化的规律，把温度转换为电量输出的传感器。

温度传感器作为传感器中的一类，其需求量占整个传感器总需求量的40%以上，其用途广泛。在工业生产中，温度传感器主要应用于管道与通风、液压与气动、冷却与加热、供水与取暖、自动化温度测量与控制系统中；家用电器、计算机、汽车、航天器等领域也都离不开温度测量与控制。总之，随着温度传感器应用范围的不断扩大与深入，人们对温度传感器的需求也越来越大，性能指标要求也越来越高。

3.1.1　温度传感器分类

温度测量方法繁多，分类复杂。按测量时传感器中有无电信号可以划分为非电测量和电测量两大类，如膨胀式、压力式、双金属和玻璃液体温度计都属于非电测温；而热电偶、热电阻、微波式、光纤式、红外式和微波温度计则属于电测温。按测量时传感器与被测对象有无接触，可以划分为接触式和非接触式，接触测温法在测量时需要与被测物体或介质充分接触，测量的是被测对象和传感器的平衡温度。

非接触式红外测温是利用物体的热辐射能量随温度变化而变化的原理实现，又叫辐射测温。物体辐射能量与温度密切相关，以电磁波形式向外辐射，通过接受检测装置便可获得被测对象发出的热辐射能量，并转换成可测可显示的各种信号，从而实现温度的测量。一般使用热电型或光电探测器作为检测元件。该温度测量系统比较简单，可以实现大面积或某一点的温度测量。测温时不接触被测物体，具有温度分辨率高、响应速度快、不扰动被测目标温度分布场和稳定性好等优点。可以是便携式，也可以是固定式，它的制造工艺简单，成本较低，这类测温方法的温度传感器主要有：光电高温传感器、红外辐射温度传感器、光纤高温传感器等。非接触式温度传感器理论上不存在接触式温度传感器的测量滞后和在温度范围上的限制，可测高温、腐蚀、有毒、运动物体及固体、液体表面的温度，不干扰被测温度场，但精度较低，使用不太方便。

随着科学技术的发展，传统的接触式测温传感器已经不能满足现代一些领域的测温需求，对非接触、远距离测温技术的需求越来越大。接触式温度测量技术经过相当长时间的发展已接近成熟，但仍不适合某些特殊场合，如高温、强腐蚀、强电磁场条件下或较远距离的温度测量。

3.1.2　基于ZigBee的远程无线多点温度监测系统

3.1.2.1　系统设计

系统包括终端节点、路由节点和协调器节点，终端节点实现对环境温度实时采集，总体设计方案如图3.1所示，监控网络中各个温度传感器节点组建ZigBee树形拓扑通信网络结构。在ZigBee网络中设置20个传感器节点，其中包括1个协调器节点、5个路由节点和14个终端节点。终端节点获取温度数据后转发给路由节点，然后由路由节点转发给协调器节点。

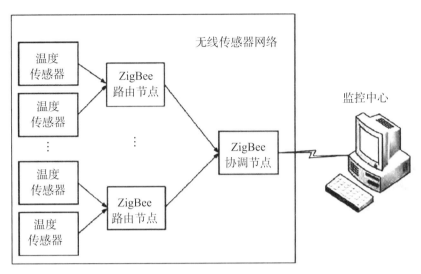

图3.1　系统总体设计方案

3.1.2.2　硬件设计

无线传感器网络中的ZigBee节点采用CC2530芯片，是一种超低功耗、高集成度OEM模块，集成了MCU、RF电路、存储器、ZigBee协议，大大降低了开发的难度，结合ZigBee ZStack协议栈可以提供完整的解决方案。采用数字温度传感器TMP112，通过SPI接口进行实时通信。获取的数据先通过I/O接口传给CC2530芯片，每隔一段时间将采集到的数据上传至协调器。

3.1.2.3　软件设计

在S5PV210硬件平台上构建嵌入式Linux操作系统网关程序，设计对整个系统管控的服务程序。

ZigBee模块上电后，首先进行系统初始化，然后ZigBee模块请求加入网络，如果不能加入网络则使其进入休眠等待模式，当完成入网后，等待数据接收传输命令。然后将采集的数据发送出去，并监测数据是否发送成功，不成功则继续发送，成功后则继续进入休眠等待状态，等待再次唤醒。

采用CC3200内置的ZStack协议开发协调器的ZigBee网络协议。该协议栈支持IEEE802.15.4/ZigBee协议规范，也可支持网络中的协调器节点、路由节点及终端节点的相关设备，组网拓扑结构采用树形结构。本设计采用ZStack- CC2530-2.5.1a版本和IAR for 8051 V8.10软件进行开发。

协调器节点负责建立网络、分配地址以及中转数据，是整个无线传感器网络的核心。模块上电后首先进行系统初始化，然后通过信道的扫描建立网络，成功后开始监测等待其他节点发送需要加入网络的请求命令，收到请求后即判断地址空间是否已达上限，若是则拒绝加入网络，反之则允许加入并对该节点进行地址配置。完成节点网络搭建后，向终端节点发出数据采集命令，然后等待接收采集节点发送温度信息，经过初步处理后，将其发送到监控后台。

3.2 湿度监测

湿度用来表示空气干湿程度，即空气中所含水汽多少的物理量，通常采用绝对湿度和相对湿度两种表示方法。绝对湿度指的是每立方米湿空气中所含水蒸气的质量，即水蒸气密度，单位为 g/m^3，一般用符号 AH 表示。相对湿度是指空气中水汽压与相同温度下饱和水汽压的百分比，一般用符号 RH（%）表示。

湿度传感器是指利用湿敏元器件材料随外界湿度变化而变化的物理或化学性质，将湿度变化转化成可测信号的传感器。感知环境湿度变化并实现监测相对比较困难，这是因为空气中绝对水汽含量很少；同时，高分子材料和电解质材料在液态水中会溶解，溶液中的水分子与杂质结合形成弱酸或弱碱，对湿敏元器件有腐蚀作用；另外，监测湿度时湿敏元器件必须暴露于待测环境中，以保证水对湿敏元器件的接触。因此湿敏元器件具有如下特点：在各种温度环境下稳定性好、响应时间短、寿命长、有互换性、耐污染和受温度影响小等。微型化、集成化及成本低是湿敏元器件的发展方向。

湿度传感器常见的有：电解质湿度传感器、有机高分子湿度传感器、半导体型湿度传感器和陶瓷湿度传感器。

3.2.1 电解质湿度传感器

电解质湿度传感器中最常见的是氯化锂湿度传感器。首先溶解氯化锂和聚乙烯醇得到感湿胶膜，然后将感湿胶膜涂覆在绕有金电极的基体上，因为聚乙烯醇具有很强的黏合力，所以水分子很容易在其薄膜中亲和与释放。金电极两端的电阻随薄膜内水分子含量的变化而快速变化。

氯化锂湿度传感器的原理：氯化锂是一种离子型的盐，聚乙烯醇是多孔性物质，利用它们本身固有的吸湿、放湿特性和离子导电性制成湿敏元器件。当环境湿度增加时，水分子进入薄膜，膜中心氯化锂电解质的负离子增加，电阻率降低，导致金电极两端的电阻值也同步降低。反之，当环境湿度降低时，水分子从薄膜中被释放，负离子的电离能力降低，电阻率增加，从而使金电极两端电阻值也同步增加。

3.2.3 半导体型湿度传感器

半导体型湿度传感器主要利用半导体材料的物理特性将环境湿度转化为电信号，它主要包括有源和无源两种类型。有源传感器兼具信号转换和放大的功能，并且具有输出电学参数灵活多样的优点，是当前的研究热点。

常见的半导体材料一般具有较大的禁带宽度（导带最低点与价带最高点之间的能量差），一般大于 2.2 eV。例如氧化锡（SnO_2）、氧化锌（ZnO）、氧化铟（In_2O_3）、钙钛矿等。由于水分子中的氢原子有很强的正电场，当水分子被吸附时就会从材料的表面捕获电子，从而造成表面的电子积累（对于 N 型半导体材料）。因此，对于 P 型的湿度传感器，其电阻值随着湿度的增加而增加；而对于 N 型的湿度传感器，其电阻值随着湿度的增加而减小。

3.2.4 有机高分子湿度传感器

有机高分子湿度传感器主要利用有机高分子的吸湿性和膨胀性制成。根据高分子电介质吸湿后引起的介电常数或电阻的变化，可以制成电容式湿度传感器或电阻式湿度传感器。

有机高分子材料包括主链和连接的官能团，官能团决定了它的理化特性。基于多孔的聚合物薄膜或者是基于聚合物与盐的混合物薄膜是湿度传感器中常用的材料，薄膜中的微孔利于水分子吸附，引起电学性质（电阻、电容等）的改变。根据水分子的吸附导致电导率变化制成原理的传感器叫电阻式湿度传感器，根据水分子的吸附导致介电常数变化原理制成的传感器叫电容式湿度传感器。电容式湿度传感器比电阻式湿度传感器具有更好的稳定性。

3.2.3 陶瓷湿度传感器

陶瓷湿度传感器又称金属氧化物湿度传感器，是利用以吸附或凝缩在粒子表面上的水层作为导电通路的质子的传导性随吸湿量变化而变化的传感器。感湿材料由金属氧化物粉末经加压成型、烧结而成，烧结的多孔状物可以形成吸附层，水分子电离形成电流载子，在格罗特斯机制作用下，输出的电阻随着湿度的变化而变化。

陶瓷湿度传感器中常用的湿敏材料有二氧化钛（TiO_2）、二氧化硅（SiO_2）、尖晶石化合物、氧化铝（Al_2O_3）等，该类传感器由于具有稳定性强、响应/恢复时间快，且湿度的量程大（一般为 1%～100% RH）等优点备受关注。然而在低湿条件下，由于化学吸附层和第一个物理吸附层之间的电荷无法进行传导，因此该类传感器对低湿环境不敏感。

3.2.3 温湿度监测系统

3.2.3.1 系统设计

此处主要介绍一种基于 LoRa 无线技术的环境温湿度监测系统。该监测系统主要由 LoRa 节点、LoRa 网关以及用户终端（PC 端和手机端）三部分构成，具体结构如图 3.2 所示。智能传感器通过传感器芯片获取监测点的温度、湿度等信息，然后通过 LoRa 网络传递到网关。网关通过 4G/5G 网络将信息传递到云平台。后台管理人员可以通过管理终端对全局状况进行跟踪。

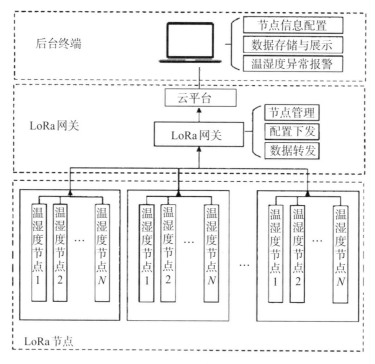

图 3.2 系统架构图

3.2.3.2 硬件设计

硬件系统包含三部分：传感器、MCU 和 LoRa 通信系统。传感器使用 SHT20 进行温度和湿度信息采集，SHT20 在高湿环境下性能稳定，可以通过输入命令改变分辨率，能监测到低电量电池状态。MCU 和 LoRa 采用集成模块 CMWXZZABZ-091。该模块内部包括 STM32L072 及 SX1276，基于 ARM-Cortex M0+，内置 192 kB Flash 存储器，支持 LoRa/FSK/OOK 调制技术，最高 157 dB 链路预算，通信位率高达 300 kbps，高灵敏度支持（–137 dBm），支持频段 868～915 MHz USB 2.0 全速通信。

LoRa 射频无线收发器芯片采用 SX1262，其封装为 4 mm×4 mm、24 脚 QFN 封装，芯片体积相对比较小，射频模块体积较小。最大发射功率可达 22 dBm，带有两种配电方式，低压差稳压器（LDO）以及高效率降压 DC-DC 转换器，扩频因子 5～12，宽带（BW）7.81～500 kHz，空中速率 0.018～62.5 kbps。CMWXZZABZ 的固件每分钟自动触发一次，定期读取温湿度传感器并发送到网关，当发送完数据后，整个系统进入睡眠模式。

智能网关包含 GPS、MCU、4G/5G 网络和 LoRa 节点。智能网关的 GPS 模块同时支持 GPS 和北斗，使用 NXP/恩智浦 LPC1768 ARM 微控制器。传感器每分钟读取温度和湿度，并将数据发送出去。智能网关通过无线方式接收数据，并通过 4G/5G 网络将收集到的数据连同 GPS 信息一起传送到云服务器。

3.2.3.3 软件设计

系统通电后，初始化单片机端口、中端和外接温湿度传感器等外部设备。所有监测节点部署完毕后，监测节点通过提前写入好的数组向 LoRa 网关以 ABP 入网模式发送数据，获得回复的组网成功；没有获得回复的监测节点转而进入接收模式，提升优先级等待下一次组网，直至成功。

根据设定的发送时间，所有监测节点按照其节点等级和上传优先级开始上传监测数据，其余节点依次进入监听模式；若一个监测节点需要向其他监测节点传输数据，则传输数据的监测节点为子节点，接收数据的监测节点为父节点；父节点开始接收下一优先级节点的数据，直到所有子节点数据发送完毕，进入休眠模式，其上级节点组合接收到数据后，开始上传数据，直到所有数据都上传完毕，一次任务周期结束。

服务器对收到的数据包进行解析，根据节点编号提取对应的监测数据；若某一节点有两条及以上的数据，查询该节点历史是否有缺失数据，有则向历史数据填充，无则丢弃多余数据并告警；若单次周期中缺少部分节点数据，则将无数据节点标记为失联状态并告警；服务器按照时间存储所有节点的监测数据并展示。

3.3　降水及水位监测

3.3.1　降水量监测

降水监测是指在时间和空间上所进行的降水量和降水强度的监测。监测方法包括用雨量器直接测定方法以及用天气雷达、卫星云图估算降水的间接测定方法。直接测定方法需设定雨量站网，站网的布设必须有一定的空间密度，并规定统一的频次和传递资料的时间，有关要求根据预期的用途来决定。降水监测是流域或地区水文循环系统和水资源研究最重要的基础数据之一，对工农业生产、水利开发、防洪抗灾等有重要作用。

在雨量站、气象站或水文站等地面观测站点，用于测量雨量的仪器称为雨量器。通过雨量器测量的雨水体积除以雨量器的底面积，可得到降雨深度。雨量器有自记和非自记两种类型。其中自记雨量器能自动记录累计降雨量，其时间分辨能力可达1分钟或以下，一般通过遥测设备实时传送记录。自记雨量器有称重式、虹吸式、翻斗式三种主要类型。

雷达降水遥测技术的应用已经十分广泛，其中多普勒雷达技术的发展大大提高了降水的测量精度，目前可以达到5分钟的时间分辨率和$1 \sim 10\ 000\ km^2$的空间分辨率。卫星遥感通过测量云顶亮度和云顶温度来间接推断降水量。

3.3.2　水位监测

水位监测内容包括河床变化、流势、流向、分洪、冰情、水生植物、波浪、风向、风力、水面起伏度、水温和影响水位变化的其他因素。

液位变送器是利用液体在不同高度与其所产生的压力呈线性关系的原理，实现液体（水、油及糊状物）的体积、高度、重量的准确测量和传送。利用物理、化学原理，在非电量作用下产生电效应，即把非电量转换成电量的装置。被测非电量各不相同，因此液位变送器也各种各样。其主要分为接触式和非接触式两类，其中接触式液位变送器包括单法兰静压/双法兰差压液位变送器、浮球式液位变送器、磁性液位变送器、投入式液位变送器、电动内浮球液位变送器、电动浮筒液位变送器、电容式液位变送器、磁致伸缩液位变送器和伺服液位变送器等。非接触式液位变送器包括超声波液位变送器、雷达液位变送器等。在这些液位变送器中，电容式、差压式、浮球式、投入式和超声波液位变送器最为常用。

3.3.3 水位与降雨量在线监测系统

水位与降雨量在线监测系统主要由数据采集模块、主控模块、数据传输模块等三部分组成，如图3.3所示。

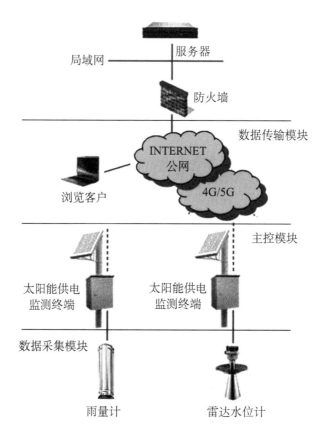

图3.3 系统框架图

（1）数据采集模块。

分别选取 PG-210/YL 型雨量传感器和 HDL300 型液位变送器用于采集降水和水位数据。将所测物理量转化为电信号，经过温度补偿和线性校准，转化为标准电流输出，接入主控模块。

（2）主控模块。

主控模块主要是由 STM32F103ZET6 和 ARM Cortex-M3 处理器构成的，还包含

I2S、USB、GPIO、UART、JTAG、Timer、ADC/DAC、FLASH、SDRAM。外接
5 V 电源、Wi-Fi模块、复位电路和输入输出电路。主控模块框架如图3.4所示。

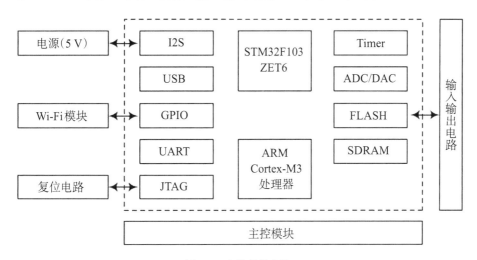

图 3.4　主控模块框架

（3）数据传输模块。

采用 Wi-Fi 通信协议实现数据传输。采用的 ESP8266 串口通信模块，通过编程串
口实现与外部设备进行数据通信。数据采集端采集各个传感器产生的数据，由对应
的 Wi-Fi 节点传入通信服务终端汇总，最后在 PC 上呈现具体数据并对其进行分析。

基于 Wi-Fi 模块和 STM32F103ZET6 芯片进行数据的处理上传。通过 Wi-Fi 模块
建立通信，然后开启数据模块，获取通信模块指令，采集数据并上传。

第四章 生态环境监测点布设与系统设计

为客观反映美丽中国建设成效，我国已经在"十四五"期间建成了全球规模最大、要素齐全、布局科学合理的监测网络体系。推进生态环境监测数智化转型，创新监测手段，提升从山顶到海洋一体化监测能力，是今后一个时期建设美丽中国的主要方向。

第一节　监测区域的选择原则

1.1　全面性原则

2015年7月26日，国务院办公厅印发《国务院办公厅关于印发生态环境监测网络建设方案的通知》（国办发〔2015〕56号），要求完善生态环境监测网络，建设涵盖大气、水、土壤、噪声、辐射等要素，布局合理、功能完善的全国环境质量监测网络，按照统一标准规范开展监测和评价。避免因选点不全面，可能造成监测结果片面，不能完全反映地域综合环境状况的后果，从而也不能分析各环境要素之间的作用关系。

1.2　代表性原则

要选择有代表性的背景区域进行监测，有效客观地反映环境质量状况。通过有限的点位反映出监测区域的污染状况、物种分类以及变化规律。代表性既包括时间分布的代表性，也包括空间分布的代表性。如大气环境质量监测，就要选择大气主要输送通道；水环境质量监测，需要选择主要河流、湖泊水库、近岸海域、饮用水水源地、地下水等流域区域；土壤环境质量监测，需要选择耕地、集中式饮用水水源地、污染场地等区域；声环境质量监测，需要开展区域环境、道路交通、城市功能区噪声监测；辐射环境质量监测，需要选择核电厂周边陆域及海域。

1.3　可行性原则

生态环境监测网络的区域选择应具有可行性。监测点位的布置要方便工作人员安置仪器，以及有利于信号的传输以获得监测数据等。

第二节 监测点的布设

2.1 大气环境监测布点

2.1.1 环境空气质量监测点位布设原则

（1）代表性。

要求监测点能客观反映一定空间范围内的空气质量水平和变化规律，可以客观评价城市、区域环境空气质量状况，污染源对环境空气质量的影响，满足为公众提供环境空气状况健康指引的社会需求。

（2）可比性。

同类型监测点的设置条件的一致性，使不同类型监测点数据具有可比性。

（3）整体性。

空气质量监测点布局要强调整体性。首先要综合考虑环境因素（自然地理、气象等）、工业布局、人口分布等总体情况，以及城市主要功能区和主要大气污染源的现状及趋势，其次还要注意城市环境空气质量监测点之间的相互协调。

（4）前瞻性。

需要结合城乡建设规划考虑监测点的布设，建设的监测点能反映未来城乡空气质量状况的空间格局。

（5）稳定性。

为确保监测资料的连续性和可比性，监测点位置一经确定，一般不宜变更。

2.1.2 监测点类型及数量要求

（1）环境空气质量评价城市点：主要用于监测城市建成区的空气质量整体状况和变化趋势，参与城市环境空气质量评价。其设置的最少监测点数量由城市建成区面积和人口数量确定，见表4.1所列。

表4.1 环境空气质量评价城市点设置数量要求

建成区城市人口/万人	建成区面积/km²	最少监测点数
<25	<20	1
25～50	20～50	2
50～100	50～100	4
100～200	100～200	6
200～300	200～400	8
>300	>400	按每50～60 km²建成区面积设1个监测点，并且不少于10个点

（2）环境空气质量评价区域点和背景点：区域点用于监测区域范围空气质量状况和污染物区域传输及影响范围，并参与区域环境空气质量评价，其代表性范围一般为半径几十千米。背景点是用于监测国家或大区域范围的环境空气质量本底水平，其代表性范围为半径 100 km 以上。

（3）污染控制点：用于监测地区主要固定污染源及工业园区等污染源聚集区对当地环境空气质量的影响，代表范围一般为半径 100～500 m，也可扩大到 4 km。

（4）路边交通点：用于监测道路交通污染源对环境空气质量影响而设置的监测点，代表范围为与人们生活相关的污染源影响区域。

（5）城市点的数量应符合表 4-1 的要求，区域点、背景点、污染控制点和路边交通点的数量由地方环境保护行政主管部门组织各地环境监测机构根据本地区环境管理的需要设置。其中区域点和背景点设置要考虑建成区之外的自然保护区、风景名胜区和其他需要特殊保护的区域。

环境空气质量监测点位布设具体要求、监测点的环境与采样口位置要求详见《环境空气质量监测点位布设技术规范（试行）》（HJ 664—2013）。

2.2 水环境监测布点

2.2.1 监测断面的含义与分类

监测断面是指为反映某一水系或所在区域的水环境质量状况而设置的监测位置。可分为以下几种类型。

（1）采样断面：指在河流采样时，实施水样采集的整个剖面。分背景断面、对照断面、控制断面和削减断面等。

（2）背景断面：指为评价某一完整水系的污染程度，未受人类生活和生产活动影响，能够提供水环境背景值的断面。

（3）对照断面：指具体判断某一区域水环境污染程度时，位于该区域所有污染源上游处，能够提供这一区域水环境本底值的断面。

（4）控制断面：指为了解水环境受污染程度及其变化情况而设置的断面。

（5）削减断面：指工业废水或生活污水在水体内流经一定距离而达到最大限度混合，污染物受到稀释和降解，其主要污染物浓度有明显降低的断面。

（6）管理断面：为特定的环境管理需要而设置的断面。

2.2.2 监测断面的设置原则

监测断面在总体和宏观上须能反映水系或所在区域的水环境质量状况。各断面具有代表性，采样具有可行性和便利性。

2.2.3 监测断面的设置

设置河流监测断面包括背景断面、入境断面、控制断面、出境断面、省（自治区、直辖市）交界断面，以及另外需要设置的各类监测断面：（1）水系较大支流汇入前的河口处，湖泊、水库、主要河流的出、入口应设置监测断面；（2）国际河流出、入国境的交界处应设置出境的断面和入境断面；（3）流向不定的河流，应根据常年主导流向设置监测断面；（4）对水网地区设置控制断面，经过控制断面的径流量之和不少于总径流量的80%；（5）有水工建筑物并受人工控制的河流，分别在闸（坝、堰）上、下设置断面。

2.2.4 监测点布设

控制断面的数量、控制断面与排污区（口）的距离依据主要污染区的数量及其间的距离、各污染源的实际情况、主要污染物的迁移转化规律和其他水文特征等确定。一般情况下，在一个监测断面上设置的采样垂线数和各垂线上的采样点数按照表4.2、表4.3和表4.4实行。无法按照规定布设垂线的地方需拍照并在样品采集记录表中写明情况。

表4.2 采样垂线数的设置

水面宽	垂线数	说明
≤50 m	一条（中泓）	垂线布设应避开污染带，同时在污染带增加监测垂线
50～100 m	二条（近左、右岸有明显水流处）	
>100 m	三条（左、中、右）	

表4.3 河流采样垂线数上采样点数的设置

水深	采样点数	说明
≤5 m	上层一点	（1）上层指水面下0.5 m处，水深<0.5 m时，在水深1/2处
5～10 m	上、下层两点	（2）下层指河底以上0.5 m处
>10 m	上、中、下层三点	（3）中层指1/2水深处

表4.4 湖（库）监测垂线采样点的设置

水深	分层情况	采样点数	说明
≤5 m		一点（水面下0.5 m处）	（1）分层是指湖水温度分层状况
5～10 m	不分层	二点（水面下0.5 m，水底上0.5 m）	（2）水深不足1 m，在1/2水深处设置采样点
	分层	三点（水面下0.5 m，1/2斜温层，水底上0.5 m处）	（3）有充分证据证实垂线水质均匀时，可酌情减少采样点
>10 m		除水面下0.5 m，水底上0.5 m处外，按每一斜温层分层1/2处设置	

2.3 土壤环境监测布点

2.3.1 监测点布设方法

（1）简单随机。

将监测单元划分成网格并编号，随机抽取规定的样品数的样品，采样点为样本号码对应的网格号。随机数的获得参见《随机数的产生及其在产品质量抽样检验中的应用程序》的"随机数骰子法"。

（2）分块随机。

根据监测区域土壤的类型分块，保证每块内污染物较均匀，块间的差异较明显。然后将每块作为一个监测单元，在每个监测单元内再随机布点。

（3）系统随机。

如果区域内土壤污染物含量变化较大，可以将监测区域分成面积相等的几部分（网格划分），每个网格内布设一个采样点，即系统随机布点，如图4.1所示。

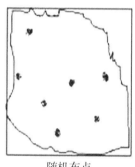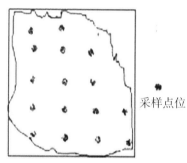

采样点位

随机布点　　　　　　　　分块随机布点　　　　　　　　系统布点

图4.1　布点方式示意图

2.3.2　布点数量

实际工作中土壤布点数量还要根据调查目的、调查精度和调查区域环境状况等因素确定，但要满足样本容量的基本要求，一般要求每个监测单元至少设3个点。根据调查的精度可从2.5 km、5 km、10 km、20 km、40 km中选择网距网格布点，网格节点数即为土壤采样点数量。

2.3.3　布点原则

（1）确定采样单元。采样单元以土类和成土母质类型为主，因为不同类型的土类母质其元素组成和含量相差较大。

（2）不在水土流失严重或表土被破坏处设置采样点。

（3）采样点远离铁路、公路至少300 m。

（4）选择土壤类型特征明显的地点挖掘土壤剖面，要求剖面发育完整、层次较清楚。

（5）在耕地上采样，应选择不施或少施农药、肥料的地块作为采样单元，以尽量减少人为活动的影响。

2.3.4　采样点的布设

（1）对角线布点法：适用于面积小、地势平坦的污水灌溉或受污染河水灌溉的田块。

（2）梅花形布点法：适用于面积较小、地形平坦、土壤较均匀的田块，中心点设在两对角线相交处。

（3）棋盘式布点法：适用于中等面积、地势平坦、地形开阔，但土壤较不均匀的田块。

（4）蛇形布点法：适用于面积较大，地势不平坦，土壤不够均匀的田块，采样点布设较多。

2.3.5　采样点数量要求

每个采样单元采样点位数可按下式估算：

$$n = \frac{t^2 \cdot s^2}{d^2} \tag{4.1}$$

式中，n——每个采样单元中所设最少采样点位数；

t——置信因子（当置信水平为95%时，t取1.96）；

s——样本相对标准差；

d——允许偏差（当抽样精度不低于80%时，d取0.2）。

第三节　监测系统设计

3.1　环境监测管理系统需求分析

环境监测管理系统是以传感技术、通信技术、信息处理技术为基础，针对危废产生、转移、处理等业务环节的实际应用而搭建的系统平台。

构建环境监测管理系统，可以有效控制相关污染源企业，实现环境实时在线监测，便于用户及系统管理人员实时查询，对污染严重的企业进行整顿，为环保部门执法提供数据依据。系统需求如图4.2所示。

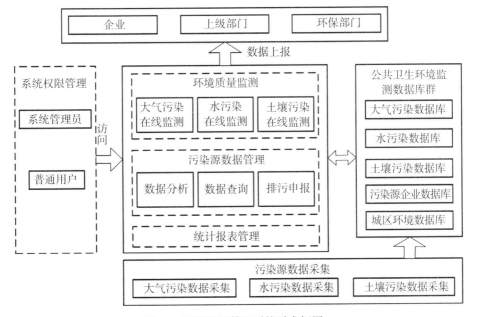

图4.2　环境监测管理系统需求框图

3.2 环境监测管理系统架构设计

近年来，随着无线传感器网络技术的迅猛发展，环境监测技术开始向远距离、无线、多点、高效、低能耗的现代化智能环境监测技术转变。利用新型传感器和物联网技术，实现环境的全方位、高精度、高可靠、不间断的数据采集是十分必要的，也是实现智能化环境监测的基础。

传统环境污染监测系统，需要专业人员到监测点进行数据采集，很难满足准确定位和实时测量，因此采集的环境污染数据常常存在较大误差，这使得监测结果不准确。利用智能传感器可以实现监测点内环境污染数据的自动化、智能化采集，利用无线通信网络把数据传输到数据中心进行分析和处理，最后实现应用层的人机交互。

环境监测管理系统主要包括监测设备模块、数据采集模块、数据库模块、功能模块、Web界面模块。各个分层的功能及层次架构如图4.3所示。

监测设备模块：污染源所排放的污染物种类和需要监测的指标，选择在线分析设备。

数据采集模块：连接排污口的数据采集器与污染源在线监测仪器，把采集器的各类测量数据处理、统计后传送到监控中心。

数据库模块：将数据采集层采集的数据进行分类储存，供功能模块进行访问、分析、处理等。工作人员可通过Web端处理数据，完成公共卫生环境监测系统的各项业务功能。

功能模块：主要实现环境监测管理系统的各项业务功能，包含系统权限管理功能、环境质量监测功能、污染源管理功能及统计报表功能等。

Web界面模块：主要完成环境监测管理系统与用户交互操作，通过浏览器的HTML页面、CSS样式表、页面表单、HTTP服务等进行数据展示和数据交互。

3.3 硬件平台设计

系统的关键部分是收集环境污染信息的传感器节点。它主要由不同的模块组成，而这些模块相互连接带动系统运转。

收集模块：全面采集监测点范围之内的环境污染数据。

运算模块：对环境污染信息进行过滤处理，这一步主要是过滤掉隐藏在其中的干扰因素，然后对剩余数据进行保存。此外，该模块能把不同种类的环境污染信息融合在一起，并利用无线传感网络把运算结果传递给下一环节。

通信模块：快速传递收集到的环境污染数据，为系统运行提供详细的数据支持，减少监测误差。

环境污染的监测点一般不会在同一区域，而是在不同的区域，这就导致信息传递存在较大的误差。为了解决这一问题，在系统的硬件设计中加入一种加速度传感器MMA7260Q。该传感器因其操作简单、耗能少、抗干扰性强等特点能加快环境污染数据的采集速度和传递速度，保证了该系统运行的效率和平稳。

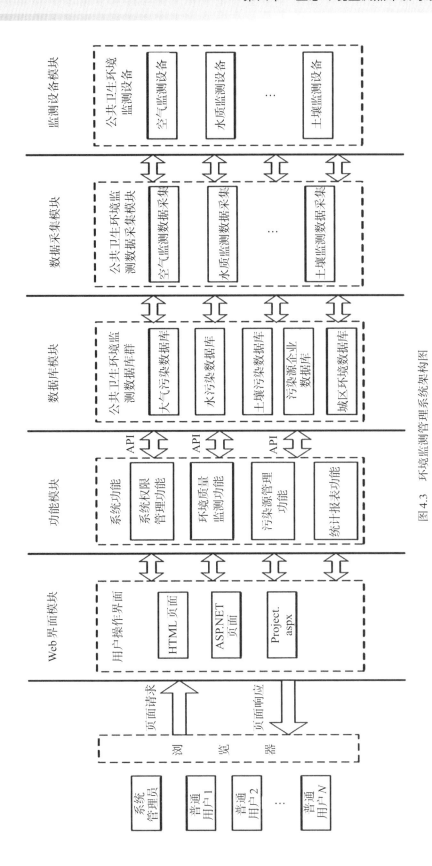

图 4.3 环境监测管理系统架构图

3.4 系统软件设计

系统软件设计包括系统数据库建立、系统各独立模块设计等工作。物联网环境污染智能监测系统的主要工作有：采集环境污染信息并对其进行分析、预警污染超标情况、分析系统的可行性等。物联网环境污染监测系统的软件结构如图4.4所示。

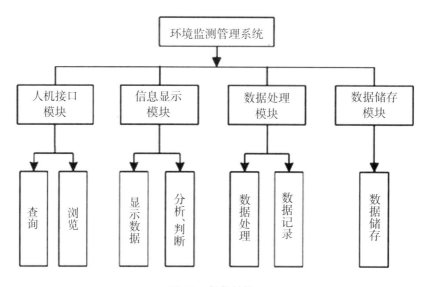

图4.4 软件结构

人机接口模块：主要作用是负责用户与环境污染监测服务器之间进行信息交互，即实现用户与系统之间信息交流。

信息显示模块：主要作用是显示当前污染数据、历史污染数据等，然后对这些数据进行分析和判断。

数据处理模块：主要作用是控制和操作传感器收集到的所有环境污染数据。如果其中某个环境污染数据存在异常，该模块需要对其进行详细记录，以便为进一步分析提供全面的数据基础。

数据存储模块：主要作用是实时记录监测点内的环境污染数据，为后续环节的污染分析提供依据。

第五章 生态环境监测网络建设

我国当前建设的5G基站数量和物联网终端用户数都位于世界前列。研发生态环境智能传感器，构建生态环境物联网监测网络是当前生态环境监测的热点之一。

第一节 环境监测传感器研发

本节主要讲述无线智能网络传感器研发，以及传感器、数据处理器、传输模块集成等的框架流程。研发产品支持网络监测系统或云服务器实时连接。流程图如图5.1所示。

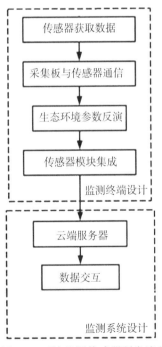

图5.1 环境监测传感器研发流程

1.1 无线智能网络传感器研发

1.1.1 无线智能网络传感器硬件设计

无线智能传感器的通信方式主要由终端节点和协调器组成，其中终端节点和协调器的连接方式为无线传输。终端节点存储多个传感器的测量值，等待与协调器进行数据传输。协调器是负责建立网络和信息存储的中间层，负责与终端节点的通信和上位机的连接。结构模型如图5.2所示。

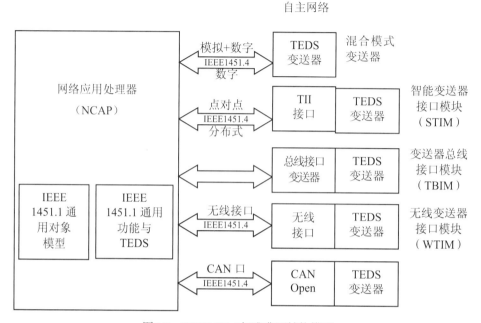

图5.2　IEEE1451.5标准典型结构模型

1.1.2　无线智能变送器WTIM硬件电路设计

主控芯片主要负责信号调理、电子数据表格的构建和数据存储，它和多路传感器进行连接采集数据，同时数据会暂存在芯片中，通过串行接口方式将数据发送给终端节点模块，该终端节点会把打包好的数据通过无线发送给协调器。为了让系统重复利用，电源模块还扩展了充电的功能，使得实用性更强。WTIM硬件模块结构如图5.3所示。

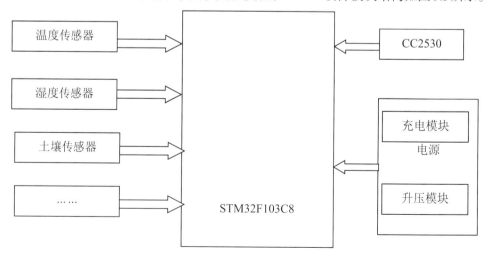

图5.3　WTIM硬件模块结构

通信模块具有三种工作模式：AP 模式、STA 模式以及 AP+STA 模式。AP 模式下，模块相当于一个无线接入热点，手机、电脑等可连接此局域网实现无线数据传输；STA 模式下，模块相当于一个设备，可连接无线路由器实现数据转发；在 AP+STA 模式下，模块既可作为其他设备的路由，又可以连接路由器等无线网络进行数据传输。

1.1.3　无线网络传感器软件模块设计

软件模块分为三个部分，由前端智能变送器模块（WTIM）、网络适配器模块（NCAP）和上位机组成。其中 WTIM 主要将多路传感器所采集到的信息进行处理和传输，接收来自网络适配器的命令，同时读取 TEDS 数据，最后通过无线将数据包发送给网络适配器。NCAP 模块属于网关，在系统中从前端读取数据、对数据进行校正、监测变送器和将数据通过串口方式传输到上位机当中。上位机模块主要的功能是获取和显示最终信息，并将数据发送到网络中。模块整体框架如图 5.4 所示。

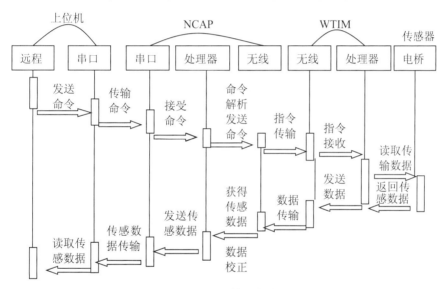

图 5.4　IEEE1451.5 标准整体软件读取顺序图

1.2　数据采集传感器集成

传感器是由敏感芯体、调理电路、外壳结构等构成的，最后实现传感器一体化集成结构，其集成技术路线如图 5.5 所示。传感器的性能直接受温度、尺寸、安装距离等环境因素的影响。

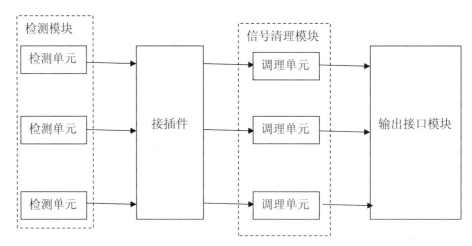

图5.5　传感器集成技术路线图

第二节　生态环境监测物联网系统建设

2.1　数据传输方案

首先，数据采集设备将采集到的数据上传至LoRa基站；然后，LoRa基站根据当地4G/5G网络覆盖情况，选择4G/5G网络或者卫星传输方案，将数据传输到云端服务器；最后，用户可以在云端服务器下载分析数据。

依据设备所在地的通信环境和地理特征，制定了两种数据传输方案：自组网+4G/5G网络、自组网+卫星。LoRa基站会根据当地4G/5G网络覆盖情况，自动获取4G/5G网络信号强度，从而自动选择传输方案，例如4G/5G网络信号强度低于-140 dBm，即判定当地4G/5G网络覆盖不佳，选用卫星传输方案。这个判定标准会根据当地网络建设平均水平自适应调整，保证数据可以完整无误且及时地上传到云端服务器。

数据传输部分总体框架如图5.6所示。

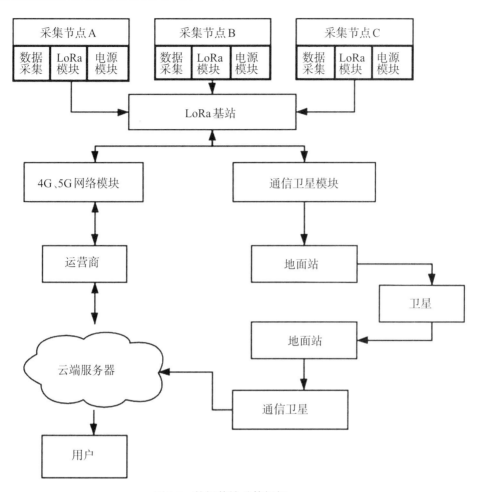

图 5.6 数据传输总体框架

2.1.1 4G/5G 网络信号覆盖良好区域

在有移动通信网络覆盖的地点，可以直接采用 4G/5G 网络来实现低功耗高效传输。设备内置 4G/5G 网络模块，将采集到的数据直接经运营商实时上传到网络上。通信模块传输数据的数据采集设备结构如图 5.7 所示。

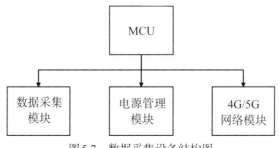

图 5.7 数据采集设备结构图

2.1.2　北斗卫星覆盖良好区域

北斗短报文卫星通信系统与 GNSS 定位系统类似，也是由天上的卫星、地面的控制站和用户机这三部分组成，如图5.8所示。北斗短报文卫星通信系统中，由于卫星是在静止轨道，所以只需要两颗卫星就可以覆盖中国及周边地区，另外一颗卫星作备用。该系统的通信过程：用户机 A 将短报文发送给卫星，经过卫星中转后发送给用户机 B。

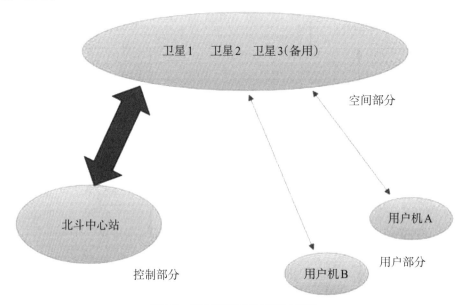

图5.8　北斗卫星覆盖区域示意图

2.1.3　具备自组网架设条件区域

如果周围5～10 km范围内有条件架设自组网，那么就采用LoRa中距离通信解决方案。该方案使用433 MHz频率，根据实际地形与要求，将发射功率设置为20～36 dBm，灵敏度−128～−142 dBm，可实现1～5 km的数据传输，并且其在同样的功耗条件下比其他无线方式传播的距离更远，实现了低功耗和远距离的统一，它在同样的功耗下比传统的无线射频通信距离大3～5倍。

数据采集设备采用星形网络架构，如图5.9所示。与网状网络架构相比，星形网络架构具有低延迟、组网简单的优点；同时采用LoRa传输技术可以大大改善接收的灵敏度，降低了功耗且得益于扩频调制技术增加了通信距离；数据采集设备采用轻量级的线程编程模型——嵌入式实时操作系统来处理数据的有效收发，例如基于循环队列缓冲的数据收发，封装成帧，确认回复，周期性休眠等任务。数据采集设备与网关之间采用自定义通信协议，同时网关支持LoRa、Wi-Fi、NB-IoT、RS485等多种通信技术。

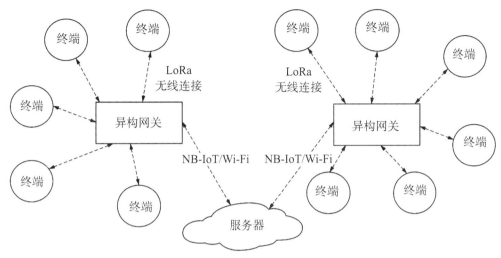

图5.9　数据采集设备网络架构

2.2　硬件设计方案

数据采集设备硬件整体架构如图5.10所示。该部分需要考虑硬件指标问题，所选取的硬件必须满足各项指标的要求。

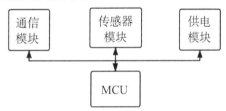

图5.10　数据采集设备硬件整体架构

中央处理与控制器即MCU单元，选用STM32F407单片机满足此次项目中的运算与功能要求，这是一款基于ARM架构的Cortex-M内核的低功耗CPU，最高主频达到168 MHz，处理能力达到210 DMIPS。

数据采集单元选用ADS1282芯片，辅以电路的去耦与降噪设计，实现32/24 bit位宽的高精度数据信号采集。这是一款高精度、高灵敏度的采样芯片，支持32、24位模数转换，采样率支持1～4 K，动态范围能达到120 dB，总谐波失真小于110 dB，噪声幅度小于1.4 μV，工作温度为–40～85 ℃，满足项目覆盖区域的温度变化范围。

远距离无线数传系统选择业界比较成熟的LoRa技术解决方案，主要考虑使用SX1278芯片。该系列芯片拥有最大为168 dB的链路预算，最大能输出20 dBm的射频输出功率，灵敏度可达–148 dBm，拥有范围宽达127 dB的RSSI，能发送最大包含CRC在内的256个字节的数据包。

2.3　电池硬件管理方案

（1）在常年–5 ℃以上的地方，采用太阳能电池板供电方式。

（2）在寒冷地带、常年–5 ℃以下的地方，采用恒温箱+太阳能电池板供电方式。

（3）自适应降低功耗。采用智能功耗管理机制，降低数据采集频率、上传频率等，以提高设备在恶劣环境下持续正常运行的时间。

（4）采用内置电池供电，同时外接6 V太阳能板给内置电池充电，保障复杂环境下设备续航能力。在一些气温长时间0 ℃以下的地区，选择加装一些保温模块。

2.4 硬件管理方案

硬件管理主要包括两个部分：中央控制系统硬件管理以及数据采集设备硬件管理。

2.4.1 中央控制系统硬件管理

中央控制系统硬件管理主要包括：中央控制处理器按照时间片划分，依次调度电源管理系统、远距离数传系统和卫星通信系统。

考虑到数据在网络中传输会遇到各种各样的问题，如网络冲突、网络拥塞、IP封禁、丢失目标主机等情况，拟采用阿里云服务器充当中间管理，管理设备端和客户端的数据和连接。实时监测双方故障，并在故障时提供解决方案。

中央控制系统与云端服务器通信的硬件管理方案如图5.11所示。

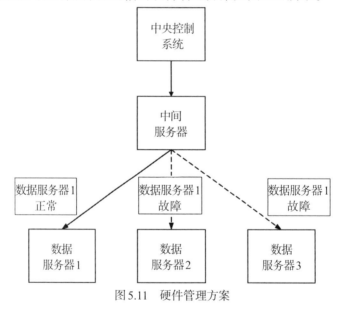

图5.11　硬件管理方案

中央控制系统的目标服务器只有该中间服务器，该方案也能解决数据存储问题，中央控制系统的主要参数指标见表5.1。

表5.1　中央控制系统的主要参数指标

指标名称	指标参数
功耗	1.5 W
数据传输速率	500 kB/s
数据传输距离	1 km
同时接入设备数	10 台
运行时间	24小时全天候监测

2.4.2 数据采集设备硬件管理

数据采集设备的硬件管理主要指：中央控制处理器按照时间片划分，依次调度数据采集模块、电源管理系统和远距离数传系统。数据采集设备供电系统管理方案如图 5.12 所示。

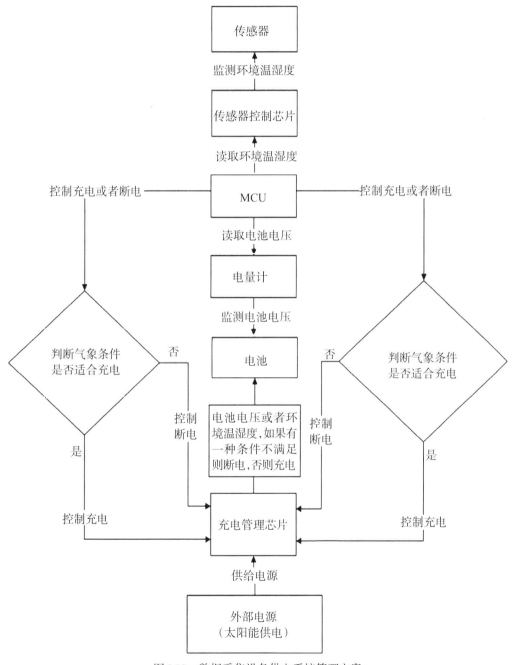

图 5.12 数据采集设备供电系统管理方案

生态环境监测

数据采集设备智能功耗管理方案主要聚焦于数据采集频率、数据上传频率方面。当野外环境特别恶劣时，比如长时间多云、暴雨等，太阳能电板无法提供足够的电量，采用智能功耗管理机制，智能管控设备的功耗情况，主要表现在降低数据采集频率和数据上传频率等，以提高设备在恶劣环境下持续正常运行的时间，从而提高在恶劣天气下设备维持功能的可能性。数据采集设备的主要参数指标见表5.2，主要硬件设置参数见表5.3。

表5.2　数据采集设备的主要参数

指标名称	指标参数
功耗	70 mW(4G/5G)；60 mW(LoRa)；3 W(海事卫星)
数据传输速率	300 kB/s(4G/5G)；100 kB/s(LoRa)；2 kB/s(海事卫星)
数据传输距离	1 km(4G/5G)；1 km(LoRa)；5 km(海事卫星)
运行时间	24小时全天候监测

表5.3　主要硬件设置参数

关键模块	关键参数指标
中央控制单元MCU	最高主频168 MHz，处理能力210 DMIPS，温度范围-40～85 ℃，功耗0.1 W
数据采集模块ADC	动态范围120 dB，总谐波失真110 dB，噪声幅度0.8 μV，温度范围-40～85 ℃，功耗0.06 W
无线数传系统	433 MHz工作频率，发射功率20～36 dBm，灵敏度-128～-142 dBm，传输范围1～5 km，温度范围-40～85 ℃，功耗0.2 W
充电管理芯片BQ24610	最大充电电流10 A，充电电压2.1～26 V，支持太阳能充电方式，温度范围-40～85 ℃，功耗0.03 W
电量计芯片BQ27542	支持电池容量100～32 000 mA·h，温度范围-40～85 ℃，功耗0.03 W
低温电池	标称电压：3.7 V；放电截止电压：2.5 V；工作温度：充电0～45 ℃，放电-40～60 ℃
恒温箱	温度调节范围：室温5～60 ℃；温度调节精度：±0.1 ℃(温度设置为37 ℃时)；温度分布精度：±2.0 ℃(温度设置为37 ℃)
气象传感器	测量范围：0～100 ppm；波特率：9 600；通信接口：RS485
水文传感器探头	灵敏度：1.1～1.6 mV/pH；温度范围：0～50 ℃；响应时间：≤180 s
土壤温度传感器	温度检测范围：-10～55 ℃；温度检测误差：±1 ℃(-10～0 ℃)存储温度的要求：-40～70 ℃
土壤含水量传感器	湿度测量范围：20%～95%(0°～50°范围)；湿度测量误差：±5%

第三节 复杂环境生态智能监测管理平台建设

3.1 多元数据存储模块

3.1.1 数据库访问单元

数据库访问单元将运用分布式数据库方法，建立多个查询服务器、数据更新主机、数据分发器及数据中转中心。其中，查询服务器基于Hash算法对外提供数据查询功能；数据更新主机仅负责对数据库的更新操作，不保存任何数据。当有数据更新请求时，负责从查询服务器获取数据并做事务更新，同时将对应数据提交到数据中转中心；数据中转中心负责收集变更数据并进行必要的备份和维护。数据分发器从数据中转中心获取数据的实际操作实体，并负责将对应数据分发到指定终端；本单元拟提供的接口见表5.4。

表5.4 数据库访问单元接口

名称	访问方式	描述
Query(station_id, timestamp)	网络	指定生态监测物联网设备某时间内的数据
Save(station_id, data)	网络	将指定生态监测物联网设备的数据进行存储
Update(station_id, timestamp, new_data)	网络	更新指定生态监测物联网设备某时间内的数据
Count(station_id)	网络	查询指定生态监测物联网设备的数据条数及时间范围

3.1.2 多元数据处理单元

多元数据处理单元负责将不同种类的生态监测数据包装为数据库访问单元能够识别、存储和处理的抽象数据类型，拟提供表5.5所列的接口。

表5.5 多元数据处理单元接口

名称	访问方式	描述
Pack(raw_data)	本地	将指定生态监测物联网设备数据打包为智能管理平台统一的数据包格式
Unpack(data)	本地/网络	将智能管理平台数据包格式解包为原始生态监测物联网设备数据
Serialization(data)	本地	将智能管理平台数据包序列化为二进制数据
Deserialization(data)	本地	从某二进制数据序列中恢复智能管理平台数据包

3.1.3 数据请求访问单元

数据请求访问单元负责将来自外部的生态监测物联网数据访问请求转化为对应的数据访问单元操作指令，并对非法访问予以拒绝及返回相应响应码。本单元拟提供表5.6所列的接口。

表5.6 数据请求访问单元接口

名称	访问方式	描述
Query(station_id, timestamp)	本地	转化为数据库访问单元Query指令
Save(station_id, data)	本地	转化为数据库访问单元Save指令
Update(station_id, timestamp, new_data)	本地	转化为数据库访问单元Update指令
Count(station_id)	本地	转化为数据库访问单元Count指令
Undefined()	本地	对未知指令、非法指令返回未定义错误响应码

3.2 远程管理服务模块

Qt是一个跨平台的C++图形用户界面（GUI）应用程序开发框架，其支持标准C++并且提供广泛的网络与设备访问工具，十分适用于服务器程序的开发。因此，本研究选用其作为远程服务模块与智能软路由的主要开发框架。具体实施方案如下。

3.2.1 数据访问处理单元

本单元为外部数据请求的实际处理单元，负责直接的数据操作响应。拟提供表5.7所列的接口。

表5.7 数据访问处理单元接口

名称	访问方式	描述
Query(station_id, timestamp)	本地	直接访问多元数据存储模块并调用Query指令
Save(station_id, data)	本地	直接访问多元数据存储模块并调用Save指令
Update(station_id, timestamp, new_data)	本地	直接访问多元数据存储模块并调用Update指令
Count(station_id)	本地	直接访问多元数据存储模块并调用Count指令

3.2.2 设备访问单元

本单元将多种异构的复杂环境生态监测物联网设备进行抽象，为外部提供统一的状态查询、设备配置、版本维护及软件更新服务。拟提供表5.8所列的接口。

表5.8　设备访问单元接口

名称	访问方式	描述
Status(station_id)	本地	查询指定生态监测物联网设备状态
Set_conf(station_id, configuration)	本地	通过智能管理平台的设备配置信息描述符对指定生态监测物联网设备进行设置
Get_conf(station_id)	本地	获取指定生态监测物联网设备的智能管理平台设备配置信息描述
Update_firmware(firmware)	本地	通过智能管理平台对指定生态监测物联网设备进行软件升级
Maintain (station_id)	本地	将指定生态监测物联网设备切换到维护模式并对设备状态、设备配置及软件版本等信息进行查询

3.2.3　外部请求响应单元

外部请求响应单元主要负责对来自可视化客户端或其他授权的终端的设备操作请求和数据访问请求进行权限管理及指令转发操作。拟提供表5.9所列的接口。

表5.9　外部请求响应单元接口

名称	访问方式	描述
Permission_auth(user_id, operation_code)	本地	对来自指定用户的某个操作进行授权认证,仅当通过时操作才会被执行
Permission_update (user_id, permission_code, root_code)	本地	通过超级用户权限(root)对某用户的操作权限进行更新,若用户不存在则新建
Query(station_id, timestamp)	本地	操作数据访问处理单元以调用Query指令
Save(station_id, data)	本地	操作数据访问处理单元以调用Save指令
Update(station_id, timestamp, new_data)	本地	操作数据访问处理单元以调用Update指令
Count(station_id)	本地	操作数据访问处理单元以调用Count指令
Status(station_id)	本地	操作设备访问单元以调用Status指令
Set_conf(station_id, configuration)	本地	操作设备访问单元以调用Set_conf指令
Get_conf(station_id)	本地	操作设备访问单元以调用Get_conf指令
Update_firmware(firmware)	本地	操作设备访问单元以调用Update_firmware指令
Maintain (station_id)	本地	操作设备访问单元以调用Maintain指令

3.3 智能软路由模块

智能软路由模块负责将来自不同终端的对复杂生态环境监测物联网智能管理平台的 IP 路由请求进行解析和动态均衡，并去除生态环境监测物联网设备与数据存储、数据访问等操作之间的耦合。具体实施方案如下。

3.3.1 路由表管理单元

路由表管理单元为智能软路由模块的高速本地路由缓存，是路由解析和动态均衡的直接体现。本单元拟提供表 5.10 所列的接口。

表 5.10 路由表管理单元接口

名称	访问方式	描述
Get(id)	本地	获取可用的远程管理模块实际访问地址
Update(id, address)	本地	更新或添加可用的远程管理模块实际访问地址

3.3.2 路由智能更新单元

路由智能更新单元根据实际的远程服务管理模块历史访问量、平均访问量、最大访问量、最近访问时间、访问延迟等参数动态更新本地路由表的内容和排序，拟提供表 5.11 所列的接口。

表 5.11 路由智能更新单元接口

名称	访问方式	描述
Update(id, address, status)	本地	status 字段包含了指定远程管理模块的历史访问量、平均访问量、最大访问量、最近访问时间、访问延迟等参数，经过内部策略决定后调用路由表管理单元的 Update 指令
Get(id)	本地	查询路由表管理单元中的最优远程管理模块所在地址

3.3.3 路由认证单元

路由认证单元主要对来自异常访问的黑名单的访问进行忽略和拒绝，拟提供表 5.12 所列的接口。

表 5.12 路由认证单元接口

名称	访问方式	描述
Is_banned(ip)	本地	判断指定 IP 是否在禁止名单

3.3.4 路由请求管理单元

路由请求管理单元为智能软路由模块的逻辑中心，负责处理来自外部的请求，并调用路由认证单元进行初步权限认证，拟提供表 5.13 所列的接口。

表5.13 路由请求管理单元接口

名称	访问方式	描述
Self_update()	无/自运行服务	服务主体,自动运行,周期性激活路由智能更新单元的Update指令进行路由表更新
Is_banned(ip)	本地	调用路由认证单元Is_banned指令
Get(id)	本地	调用路由智能更新单元以查询最优远程服务模块地址

3.4 可视化客户端

本单元通过智能软路由模块连接到远程管理模块,负责将从可视化服务端获取到的信息按照指定样式进行展示,主要工作内容集中在网页设计、多平台网络自适应,主要开发语言为HTML。

3.4.1 用户及权限管理单元

负责将可视化客户端Web网页的指定用户的权限进行认证,拟提供表5.14所列的接口。

表5.14 用户及权限管理单元接口

名称	访问方式	描述
Permission_auth(user_id, operation_code)	本地	调用远程管理服务模块进行用户权限认证
Permission_update(user_id, permission_code)	本地	调用远程管理服务模块进行用户管理

3.4.2 Web响应单元

本单元负责将来自可视化客户端Web网页的网络请求转化为对应的指令并转发到指定目的地,拟提供表5.15所列的接口。

表5.15 Web响应单元接口

名称	访问方式	描述
Permission_auth(user_id, operation_code)	本地	激活用户及权限管理单元并调用Permission_auth指令
Permission_update(user_id, permission_code)	本地	激活用户及权限管理单元并调用Permission_update指令
Save(station_id, data)	本地	激活用户请求单元以调用Save指令
Update(station_id, timestamp, new_data)	本地	激活用户请求单元以调用Update指令
Count(station_id)	本地	激活用户请求单元以调用Count指令

名称	访问方式	描述
Status(station_id)	本地	激活用户请求单元以调用Status指令
Set_conf(station_id, configuration)	本地	激活用户请求单元以调用Set_conf指令
Get_conf(station_id)	本地	激活用户请求单元以调用Get_conf指令
Update_firmware(firmware)	本地	激活用户请求单元以调用Update_firmware指令
Maintain (station_id)	本地	激活用户请求单元以调用Maintain指令

3.4.3 用户请求响应单元

本单元实现对来自Web响应单元的指令的转发，是可视化服务端的逻辑控制中心，主要实现指令在远程管理服务模块的执行及返回数据处理，无外部接口。

第六章 生态环境智能监测案例

第一节 大气污染物 $PM_{2.5}$ 的监测与分析

1.1 空气质量数据监测

本研究选取四川省眉山市彭山区为研究区，彭山区共设立了30个空气监测站对该区域大气环境中的各种污染物的浓度进行监测，大气污染监测站点的详细信息见表6.1。选取彭山区30个监测站点从2020年12月09日至2023年01月12日的小时粒度的污染物监测浓度数据作为实验的原始污染数据集，合计483 817条样本数据，包含了 O_3、NO_2、SO_2、$PM_{2.5}$、PM_{10} 等污染物的监测数据。

表6.1 彭山区监测站点详细信息

监测参数	个数	站点属性	站点列表
三参数 （$PM_{2.5}$、PM_{10}、O_3）	6	属地评价点	凤鸣街道办事处0939、观音街道0943、谢家街道办事处936、公义镇政府站点917、永丰村0926、黄丰镇政府0915
四参数（$PM_{2.5}$、PM_{10}、O_3、NO_2）	4	边界监测点	四川交投建设0925、彭山新城南污水处理厂0931、马林村安置小区0942、江口街道金桥饲料0913
四参数和气象 （$PM_{2.5}$、PM_{10}、O_3、NO_2+气象）	3	环境监测点	彭山二小教学楼站点0938、致民路社区医院0921、易瑢社区0937
环境五参数（$PM_{2.5}$、PM_{10}、O_3、NO_2、VOC）	2	边界监测点	江口镇茶场村村委会0946、眉山技术学院912
环境五参数和气象 （$PM_{2.5}$、PM_{10}、O_3、NO_2、TVOC+气象）	9	环境监测点	605地质勘探大队0924、彭山区广播电视台0916、生态环境局0929、彭山区政务服务中心0941、彭山区城西污水处理厂0940、思念食品有限公司0935、中纺粮油0945、华西德顿0947、观音街道综治中心0914
六参数（$PM_{2.5}$、PM_{10}、O_3、NO_2、SO_2、CO）	1	背景监测点	彭祖山风景区0923
六参数和气象 （$PM_{2.5}$、PM_{10}、O_3、NO_2、SO_2、TVOC+气象五参数）	5	园区监测点	四川彭山经开区南侧加佰加944、四川彭山经开区污水处理厂0930、观音工业园原斯莱德电梯0919、观音污水处理厂0933、南方家居产业园0920

为详细描述彭山区的城市建筑对大气的影响，特选取彭山区兴趣点（point of interest，PoI）、企业数据、大气排放口数据作为彭山区的环境配置基础数据。

彭山区兴趣点数据通过高德地图网络平台获取，彭山区共计404个兴趣点，具有21种不同的类型。彭山区共计199个排污企业，共计511个大气排污口。各个环境配置数据类型信息见表6.2。

表6.2　彭山区环境特征数据

环境数据	符号表示	具体类型
POI类型	l	批发和零售(摩托车服务、汽车服务、汽车销售、购物服务、汽车维修)，交通设施服务(道路附属设施、地名地址信息、交通设施服务、通行设施)，住宿和餐饮服务(餐饮服务、住宿服务)，金融保险服务，房地产(商务住宅、公司企业)，文化体育休闲服务(科教文化服务、体育休闲服务)，医疗保健服务，居民生活服务，公共设施服务(风景名胜、公共设施)，政府机构及社会团体
企业类型	m	简化管理、重点管理
排污口类别	n	轻排污口、重排污口

综上所述，将本书采集的城市污染数据集、气象数据集、城市建设类型的数据集等详细描述汇总见表6.3。

表6.3　彭山区多源数据信息汇总

类别	特征	单位	数据格式	数据源
大气	$PM_{2.5}$	$\mu g \cdot m^{-3}$	(值,时间,经纬度)	彭山环保局自建监测平台
气象	温度	℃	(值,时间,经纬度)	ERA5再分析数据集
	湿度	RH	(值,时间,经纬度)	
	太阳辐射	$j \cdot m^{-2}$	(值,时间,经纬度)	
	风向余弦		(值,时间,经纬度)	
	风速	$m \cdot s^{-1}$	(值,时间,经纬度)	
城市建设类型	POI		(类型,名称,经纬度)	高德地图
	企业		(类型,名称,经纬度)	彭山区企业整理
	排污口		(类型,名称,经纬度)	彭山区排污许可证库

将研究区域以 0.005°×0.005° 的网格大小进行栅格化，共得到1 734个栅格点，利用研究区域内的环境、气象、城市配置类型数据，对应于各个不同的网格点中，建立研究区域内的大气污染数据库、气象数据库、城市配置信息数据库。

1.2　PM₂.₅浓度的时间序列特征分析

1.2.1　确定性平稳过程检验

（1）平稳性检验

本书对时序数据的平稳性进行判定使用ADF单位根检验方式。单位根检验，顾名思义就是检验序列自回归函数中是否存在单位1的系数,如果多阶自回归函数具有大于或等于1的系数,那么随着时间的推移,该序列就会呈现出指数型的爆炸式增长趋势,序列在时间上就显示出不平稳的特性。ADF单位根检验的具体检验方法见表6.4。

表6.4 ADF单位根检验流程

<table>
<tr><td colspan="2">ADF单位根检验</td></tr>
<tr><td rowspan="3">ADF单位根检验模型</td><td>(1)无漂移项自回归过程
$$X_t = \rho X_{t-1} + \sum_{i=1}^{k} C_i \Delta X_{t-i} + \varepsilon_t, (t = 1, 2, \ldots, n), X_0 = 0$$</td></tr>
<tr><td>(2)带漂移项自回归过程
$$X_t = \mu + \rho X_{t-1} + \sum_{i=1}^{k} C_i \Delta X_{t-i} + \varepsilon_t, (t = 1, 2, \ldots, n), X_0 = 0$$</td></tr>
<tr><td>(3)带漂移项和趋势项自回归过程
$$X_t = \mu + \beta t + \rho X_{t-1} + \sum_{i=1}^{k} C_i \Delta X_{t-i} + \varepsilon_t, (t = 1, 2, \ldots, n), X_0 = 0$$</td></tr>
<tr><td rowspan="2">假设条件</td><td>原假设H0:$\rho \leq 1$序列存在单位根,非平稳</td></tr>
<tr><td>备择假设H1:三个模型均满足$\rho < 1$序列不存在单位根,时间序列平稳</td></tr>
<tr><td rowspan="2">检验t统计量</td><td>$$t = \frac{\hat{\rho} - 1}{\hat{\sigma}_{\hat{\rho}}}$$
式中,$\hat{\rho}$——回归系数的最小二乘法估计,$\hat{\rho} = \dfrac{\sum x_{t-1} x_t}{\sum x_{t-1}^2}$;</td></tr>
<tr><td>$\hat{\sigma}_{\hat{\rho}}$——$\hat{\rho}$的标准差估计量</td></tr>
<tr><td>判别原则</td><td>若检验统计量大于临界值,不能拒绝原假设,序列是非平稳的;若检验统计量小于临界值,拒绝原假设,认为序列是平稳的</td></tr>
</table>

利用ADF单位根检验方法,对研究区域内的所有监测数据的平稳性进行判断,检验结果表明,研究区域内的27个监测站点所获取的监测数据,其统计量均在小于1%、5%、10%不同程度拒绝原假设的统计量,P值的量级均在10^{-12},远远小于0.05,因此,可以认为研究区域内监测站点的监测数据均是平稳时间序列。

(2)纯随机性检验

根据白噪声的定义可知,如果一个时间序列$\{X_t\}$,满足:

①任意$t \in T$,有$EX_t = \mu$;

②任取$t, s \in T$,有$\gamma(t, s) = \begin{cases} \sigma^2, t = s; \\ 0, t \neq s. \end{cases}$

这两个条件的时间序列被定义为纯随机序列,或简称为白噪声序列,简记为$X_t \sim WN(\mu, \sigma^2)$。从白噪声的定义可知,属于白噪声的时间序列与平稳时间序列具有相同的性质,即它们都满足序列均值和方差是常数,区别是白噪声序列的自相关系数为零,即序列中任意两个项之间不存在相关的关系。对于一个观察期为n的纯随机时间序列,该观察序列的滞后非零样本自相关系数将遵循近似于均值为0、方差为$1/n$的正态分布。因此,针对一个纯随机性序列,一般通过构建统计量的方法来检验,纯随机性检验的具体检验流程见表6.5。

表 6.5   纯随机性检验流程

检验原理	纯随机序列其他阶的自相关系数应该均为0
假设条件	原假设：延迟期数小于或等于 m 期的序列值之间相互独立 H0: $\rho_1 = \rho_2 = \ldots = \rho_m = 0, \forall m \geq 1$
	备择假设：延迟期数小于或等于 m 期的序列值之间有相关性 H1: 至少存在某个 $\rho_k \neq 0, \forall m \geq 1, k \leq m$
检验LB统计量	$LB = n(n+2) \sum_{k=1}^{m} \left(\frac{\hat{\rho}_k^2}{n-k} \right) \sim \chi^2(m)$
判别原则	当检验统计量大于 $\chi^2_{1-\alpha}(m)$ 分位点，或该统计量的 P 值小于 α 时，以 $1-\alpha$ 的置信水平拒绝原假设，该序列为非白噪声序列

对研究区域内29个监测站点的监测数据进行随机性检验，所得的 P 值的量级均小于 10^{-12}，远远小于0.05。因此，可以认为研究区域内监测站点的监测数据均是非随机时间序列。

研究区域的所有监测数据经由稳定性和随机性检验，PM$_{2.5}$浓度数据在时间上具有稳定非随机性，说明数据内部存在时间规律和特定模式，可以利用深度学习的方法对数据中隐含的特征进行提取，以学习数据的规律，进行预测模拟分析。

1.2.2　趋势性分析

时间序列分解可以将一个稳定的时序数据进行拆分，获得序列内部趋势、季节、循环、随机部分，通过了解每个组成部分的占比大小能更好地理解时间序列的特征，来更好地预测未来的趋势。

以1号站点2021年7月的监测数据为例，其加法和乘法分解结果如图6.1所示。

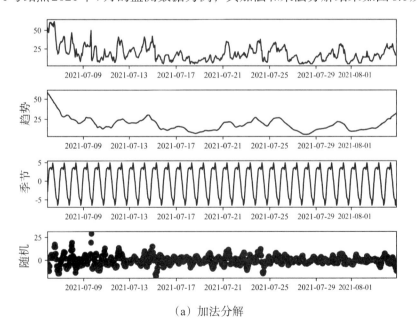

（a）加法分解

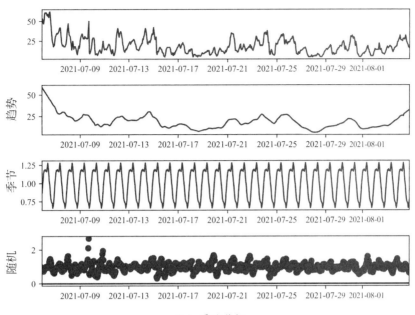

（b）乘法分解

图6.1 时间序列分解结果

由图6.1可知，不论是加法分解还是乘法分解，输入的监测数据都被分为趋势、季节、随机三个部分，乘法和加法所得的分解结果整体图样走势相差不大。从数据的趋势组成部分，可以推断出数据的整体趋势，PM$_{2.5}$浓度数据不存在固定的上升或下降趋势，在经过一段时间到达峰值后逐渐下降，出现低谷值后又上升。时间序列的季节性组成部分，表明了数据中可能存在的周期性变化，1号站点的周期大约为24小时，在一个周期内PM$_{2.5}$浓度仅存在一个峰值。数据的随机性组成部分，主要包含了数据的噪声水平和异常情况，这部分数据不存在明显的变化趋势，具有极强的随机性，而且数据波动变化较大，对于污染数据来说，可能是外部的某些环境因素发生变化，而导致数据存在波动。从图6.1中可以明显看出，PM$_{2.5}$浓度数据主要由趋势和随机部分构成，而季节部分占比较小。这表明了PM$_{2.5}$数据具有极强的趋势和随机性的特征，这部分特征无法预知，难以以线性变化进行描述，可以利用深度学习的网络去学习和提取数据中随机、趋势部分的特征。

1.2.3　时间自相关分析

通过对彭山区污染数据进行时序分析，可知研究区域内的监测数据属于典型的时间序列数据，具有一定程度的时间相关性，时间的自相关性可以对时间序列数据对历史数据的依赖性进行评估，利用自协方差函数和自相关系数计算而得。若自相关系数随着延迟阶数的增加，很快衰减为零，也能判断出序列在时间上的平稳性。对于一个时间序列样本 $(x_1, x_2, \ldots, x_N)$，$\gamma(0)$ 表示样本不延迟的自协方差函数，$\gamma(h)$ 表示时间序列延迟 h 小时后的自协方差函数，其计算公式为式（6.2），$\rho(h)$ 表示时间

序列延迟 h 小时的样本与原样本之间的相关系数，计算公式为式（6.3）。

$$\gamma(0) = \sigma^2 \tag{6.1}$$

$$\gamma(h) = \frac{1}{n}\sum_{t=1}^{n-h}(x_{t+h} - \bar{x})(x_t - \bar{x}) \tag{6.2}$$

$$\rho(h) = \frac{\gamma(h)}{\gamma(0)} \tag{6.3}$$

式中，$\bar{x}$——序列样本的均值；

h——时间维度上的延迟长度。

取最大的延迟时间为 50 h，通过对不同时间延迟下与原序列数据之间的相关性进行计算，从而可以得知在多少的历史时间长度下，数据之间的相关性更强，利用该时间窗的长度，可以有效地对 $PM_{2.5}$ 进行预测。以 1 号监测点为例，$PM_{2.5}$ 时序数据的自相关性结果如图6.2所示。

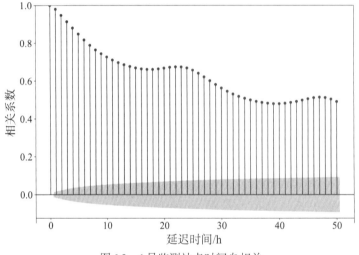

图6.2　1号监测站点时间自相关

由图6.2可知，1号站点的 $PM_{2.5}$ 浓度在时间差小于12 h 的时候，与原序列的相关系数都大于0.7，证明在 1～12 h 的时间差之间，序列存在着强烈的正自相关性。因此，利用1站点的前12个小时浓度的数据，能够极大地利用历史 $PM_{2.5}$ 的特征，对当前时刻 $PM_{2.5}$ 污染浓度的预测。

从时间维度上看，研究区域内 $PM_{2.5}$ 排放存在明显的历史可重现的特征，是典型的非随机稳定性时间序列，其数据内部存在趋势、周期、随机部分，其中趋势和随机部分占比较大，这部分的特征不易由简单的数学公式得到。结合对研究区域的 $PM_{2.5}$ 监测数据的自相关性分析可知，可通过建立历史—未来的非线性模型，从而获知趋势、随机部分的特征，以实现大气污染时间维度的预测。

1.3　$PM_{2.5}$浓度的空间相关性分析

事实上，除了时间上的特征外，大气污染在环境中也存在明显的空间效应，利用空间相关性分析站点之间的相互影响关系，同时探究研究区域内的空间异质性，将莫兰指数应用于空间自相关性的分析，识别研究区域污染的聚集模式。

1.3.1　监测点空间相关性

为了探究不同城市建设区的监测站点的空间，利用相关性皮尔逊相关系数衡量不同站点之间的相关程度。皮尔逊相关系数的绝对值越高意味着相关性越高，其值越接近1，两者的正相关程度越高；其值越接近-1，两者的负相关性越高。对不同城市建设区的两两监测站点的PM$_{2.5}$浓度数据之间的相关性进行研究。对27个监测站点的空间皮尔逊相关系数进行计算，结果如图6.3所示。图6.3中方格颜色越深，说明两站点监测数据之间的正相关越强，相关系数中标记***、**、*分别表示通过1%、5%、10%显著性水平的检验。

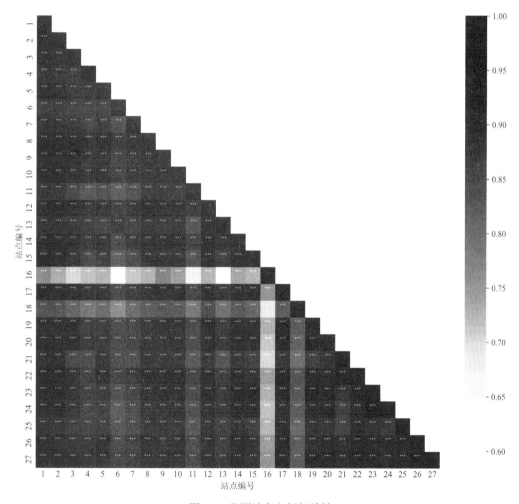

图6.3　监测站点空间相关性

由图6.3可知，两两监测站PM$_{2.5}$浓度之间的空间相关性均大于0.6，且均通过了1%的显著性检验。这说明PM$_{2.5}$污染物浓度数据在空间维度上存在着很强的相互影响关系，原因是彭山区的大多数站点位于中南侧，部分站点距离很近，在空间中分布很密集，而污染物在环境扩散的过程中相互影响，使得相对距离较近的站点之间的数据具有较强的相似性。通过对空间中与目标站点相关性较高的其他监测点的污染浓度进行特征获取，能够对目标监测站点的浓度进行有效地捕捉。

在空间维度上，彭山区的监测站点之间存在极强的相关性，在利用深度学习的方法对未知区域进行插值时，结合周边站点的污染情况，提取周边站点不同监测数据之间的特征，可以有效地提高插补精度，从而获得全区的污染分布状况。

1.3.2 监测站点空间聚集效应

Moran's I指数常用于解释空间变量之间的空间结构依附关系，本书用来分析研究区域27个监测站点之间的关联性特征。其表达式如下。

$$Moran's\ I = \frac{\sum_{i=1}^{N}\sum_{j=1}^{N}W_{ij}(y_i-\bar{y})(y_i-\bar{y})}{S^2\sum_{i=1}^{N}\sum_{j=1}^{N}W_{ij}} \tag{6.4}$$

式中，y_i——监测站点 i 的$PM_{2.5}$浓度值；

$\bar{y}$——研究区域内所有站点的$PM_{2.5}$平均值；

S^2——研究区域内所有站点的$PM_{2.5}$方差；

N——研究区域内城市总数；

W_{ij}——空间权重矩阵，由研究区域内城市中监测点间的距离决定。

Moran's I指数取值范围为 $(-1, 1)$，若计算结果为正，则表明该区域内的AQI在空间上具有正相关。为了说明模型的可信度，利用标准统计量Z值法对其结果的显著性进行检验。

根据2021—2022年彭山区监测站点的$PM_{2.5}$浓度季均数据，综合上述计算公式，得出研究区域每一年不同季节的莫兰指数及其统计检验，结果见表6.6。

表6.6 研究区域$PM_{2.5}$季均数据莫兰指数

年份	季节	莫兰指数	Z值	P值
2021	春	0.147	2.781	0.005
	夏	0.122	2.465	0.013
	秋	0.174	3.224	0.001
	冬	0.172	3.279	0.001
2022	春	0.206	3.689	0.000 2
	夏	0.193	3.511	0.000 4
	秋	0.169	3.139	0.001
	冬	0.171	4.949	0.000

注：Z值为莫兰指数值的Z统计量，P值为莫兰指数值的伴随概率。

由表6.6看出，从季节的角度来看，2021—2022年间的莫兰指数均为正值，且都通过1%的显著性检验。这表明研究区域的监测站点之间，PM$_{2.5}$浓度有着显著的空间全局聚集效应，具有高-高、低-低的聚集性特征。

1.4 区域PM$_{2.5}$在不同时间尺度下的浓度变化

通过对研究区域内的城市中心建设区和城市边缘建设区的监测数据浓度进行统计分析，求得不同时间尺度（小时、日、周、月、年）下的PM$_{2.5}$浓度均值，得到不同城市建设区内的浓度变化，以研究不同城市建设区的PM$_{2.5}$浓度变化趋势和差异。将不同建设区内的浓度变化进行分析和比较，结果如图6.4所示。

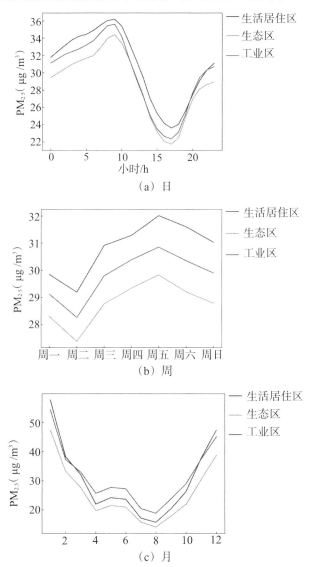

（a）日

（b）周

（c）月

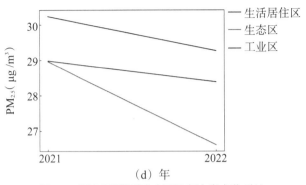

图 6.4　研究区域不同时间尺度浓度变化对比

由图 6.4（a）可知，研究区域不同城市建设区 PM$_{2.5}$ 浓度的日变化趋势大致相同，三个区域都呈现明显的早高峰，均在上午 9:00 左右到达一天的峰值，在下午约 17:00 达到一天的低谷值后缓慢上升，具有明显的单峰单谷的变化趋势。造成这种变化的原因：在城市生活居住区有可能是上下班高峰期间汽车尾气等引起 PM$_{2.5}$ 浓度变化，且城市生态区 9:00—17:00 的下降幅度高于城市生活居住区；在城市工业区可能是人们上班后，企业开始运转，且其 PM$_{2.5}$ 浓度变化规律与生活居住区的变化规律一致，说明不存在企业偷排现象。此外，生活居住区和工业区的 PM$_{2.5}$ 浓度值明显高于生态区的 PM$_{2.5}$ 浓度值。

由图 6.4（b）可知，研究区域内的 PM$_{2.5}$ 浓度的周变化也具有明显的单峰单谷趋势，三个区域的 PM$_{2.5}$ 监测浓度都在周二处于最低值，而后缓慢上升，至周五达到一周内的高峰值，后逐渐下降。由以一周为时间尺度的浓度对比可知，研究区域内的不同城市建设区的 PM$_{2.5}$ 浓度周变化呈现生活居住区＞工业区＞生态区的变化规律。

由图 6.4（c）可知，研究区域三个不同城市建设区的 PM$_{2.5}$ 浓度月变化趋势一致，PM$_{2.5}$ 月均值浓度在 1 月、2 月、12 月处于一年内的高值区，在 4—8 月处于一年内的低值区。彭山区 2021—2022 年 PM$_{2.5}$ 污染浓度的季节污染程度，大致表现为冬季＞春季＞秋季＞夏季，符合研究区域的 PM$_{2.5}$ 随着温度的升高而下降的规律。可能是由于在冬季，温度低，不易触发大气污染物的反应，同时在冬季风速较低，很难扩散大气中的污染物，出现聚集的现象。从月均值的尺度上看，工业区的 PM$_{2.5}$ 月均值浓度略高于生活居住区的 PM$_{2.5}$ 月均值浓度，工业区和生活居住区的 PM$_{2.5}$ 浓度普遍高于生态区的 PM$_{2.5}$ 浓度。

由图 6.4（d）可知，从 2021 至 2022 年，研究区域内的 PM$_{2.5}$ 年均浓度都位于 35 μg·m^{-3} 以下，符合国家环境保护标准《环境空气质量标准》（GB 3095—2012）的规定。从 2021—2022 的 PM2.5 年均浓度变化来看，有逐年下降的趋势，说明在 2022 年 PM$_{2.5}$ 污染得到轻微改善。其中，生态区的下降幅度最为明显。

总的来说，研究区域的不同城市建设区的 PM$_{2.5}$ 浓度不同时间尺度的对比结果显示，其在日、周、月、年的尺度上，三个区域的 PM$_{2.5}$ 均值浓度走势大致相同，可能是由于研究区域内企业常年正常运转，人类活动相对规律，导致三个不同建设区内的PM$_{2.5}$平均浓度在不同时间尺度下的差距不明显。PM$_{2.5}$浓度在各个时间尺度存在明显的生活居住区＞工业区＞生态区的规律。

1.5 PM2.5与气象因子的相关性分析

造成大气污染问题的因素众多，气象条件是自然环境影响因素方面的主要研究内容，具体包括降水、气温、湿度、气压、风速、太阳辐射等，气候区域化、大雾天气、城市热岛效应、地形坡度等自然环境因素影响也有所不同。气象条件对空气质量的影响主要体现在大气扩散和污染物集聚方面。以1号监测站点为例，计算了5种气象因素的皮尔逊相关系数，计算结果如图6.5所示。

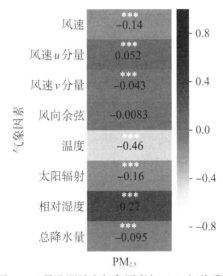

图6.5 1号监测站点气象因素与PM$_{2.5}$相关系数

由图6.5可知，1号监测站点周围的温度对PM$_{2.5}$的浓度影响最大，其绝对值在0.4左右，且其与PM$_{2.5}$的浓度呈负向相关。相对湿度与PM$_{2.5}$呈现较弱的正向相关。风速、太阳辐射、总降水量都与PM$_{2.5}$呈现极弱的负相关性，而风速的u分量和风速的v分量都与PM$_{2.5}$的相关性较弱。此外，由于风向余弦主要描述了风的方向，因此与PM$_{2.5}$浓度大小无关。说明，在1号监测站点附近，温度越低，相对湿度越大，PM$_{2.5}$浓度就会呈现越低的状态。

从气象因素与PM$_{2.5}$浓度的相关系数来看，风速、温度、太阳辐射、总降水量、相对湿度都与PM$_{2.5}$存在相关性。因此，在做大气污染预测任务时，将这些气象因素考虑进去，可以在一定程度上补充大气污染的特征，有利于提高大气污染预测的精度。

第二节　柑橘病害智能监测系统设计

2.1　柑橘病害智能监测系统需求分析

2.1.1　系统需求分析

为了保证系统设计的科学性、严谨性，通过查阅论文资料以及实地考察等多种方式对柑橘病害监测领域做了充分调研和分析，对当前领域的需求做了详尽的分析，分析结果如下。

（1）目前，针对柑橘的病害监测系统很少，然而柑橘产量巨大并且病害常发，因此迫切需要研发柑橘病害监测系统。

（2）目前，农林业智能监测大多是采用移动设备或者固定式的视频采集设备，这样监测的范围有限。因此通过自动控制技术对视频硬件进行有机控制，从而实现尺度的自动转换以达到全方位监测的需求比较迫切。

（3）目前，柑橘病害的识别大多数是采用人眼识别的方法，也有少部分采用传统图像处理的方法，这些方法耗费人力或者是精度不够。因此利用深度学习的算法对柑橘的病害进行识别的需求比较迫切。

本书旨在搭建基于卷积神经网络的柑橘病害识别深度学习模型，通过物联网技术实现柑橘图像信息的快速采集，构建可应用于自然场景的柑橘病害智能识别与监测系统，为柑橘果园的智能化管理与决策提供支撑。

2.1.2　系统运行环境

系统环境可以分为客户端和服务端，相应的硬件和软件配置见表6.7。

表6.7　系统运行环境

环境	设备	名称	配置
服务端	硬件	计算机显卡	GTX 2080ti
		计算机CPU	Core i7
	软件	操作系统	Ubuntu
		编译环境	PyCharm
		编译语言	Python
		深度学习框架	Keras
客户端	硬件	计算机显卡	GT710
		计算机CPU	Core i5
	软件	操作系统	Windows10
		编译环境	VS2017
		编译语言	C#

2.2 柑橘病害智能监测系统结构设计

根据系统的功能需求，将该系统设计为三部分，分别为信息感知层、信息传输层、系统应用层。其中信息感知层主要是利用摄像头实现信息采集，信息传输层主要是基于无线网络的数据传输，系统应用层主要是基于深度学习算法的病害信息处理与自动识别。该系统整体结构如图6.6所示。

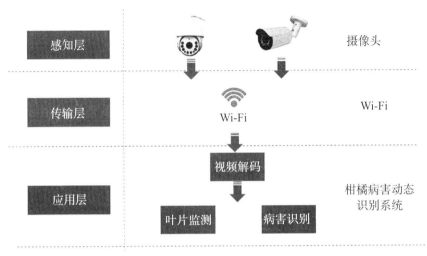

图6.6 系统整体结构图

2.2.1 信息感知层设计

信息感知层是整个系统的基础，为满足智能监测与动态识别的需求，本书摄像头采用海康威视DS-2DC4423IW-D型号的球形摄像头，如图6.7所示，其通过智能控制云台实现设备的旋转、移动以及焦距的变化。

图6.7 海康威视DS-2DC4423IW-D摄像头

2.2.2 信息传输层设计

信息传输层通过Wi-Fi的方式实现数据传输，当客户端与摄像头处于同一局域网下时，客户端可以直接通过 IP 和端口号获取摄像头的数据流。但实际情况下客户端与摄像头不处于同一局域网下，系统采用内网穿透技术实现对局域网内摄像头的数据流读取从而实现远程监控功能。

内网穿透即实现外网访问内网的功能，本系统采用硬件花生棒来实现，花生棒是一款用于内网穿透的专业设备，与之搭配的还有花生壳软件。首先实现花生棒与摄像头在同一局域网下，方法有两种：一种是用网线把花生棒与路由器相连，另一种是以无线的方式加入局域网。然后将摄像头的 IP 设置成静态 IP。最后只需要在软件花生棒上配置外网到内网 IP 的映射即可。内网穿透如图 6.8 所示。

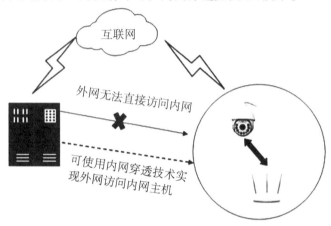

图 6.8　内网穿透示意图

如图 6.9 所示，花生壳软件上会自动生成新的域名和端口，当访问这个新的域名和端口时，就会自动访问到局域网中摄像头配置的 IP 及端口。通过这种方式就可实现远程监控功能。

图 6.9　花生壳平台

2.2.3　系统应用层设计

系统应用层对摄像头的视频流进行解码，获取视频流中的图像数据，通过集成深度学习算法实现柑橘的叶片监测与病害识别，并将监测的结果保存至数据库。根据研究目标，把系统功能划分为6个功能单元，即实时视频监控功能、视频采集功能、图像采集功能、云台控制功能、叶片监测功能、病害识别功能，如图6.10所示。

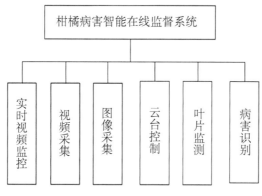

图6.10　系统功能

（1）实时视频监控功能：视频信息获取，通过输入IP和端口查看实时现场视频。

（2）视频采集功能：视频数据实时智能采集，并将采集的视频数据保存至本地。

（3）图像采集功能：调用海康威视SDK解码器对视频流进行解析并生成图像，将生成的图像实时显示和保存至本地。

（4）云台控制功能：客户端系统发送控制指令，摄像头就会做出相应的旋转、放大、缩小、聚焦和散焦等操作，其中旋转包括上、下、左、右4个方向。除此之外，客户端系统还可以设置旋转的速度。

（5）叶片监测功能：调用深度学习目标监测算法对采集的图像进行叶片监测，根据监测的目标框对图像进行局部切割生成叶片图像，用于下一步病害识别。

（6）病害识别功能：调用深度学习分类算法对叶片监测模块中生成的局部叶片进行病害识别，对识别的结果进行显示并保存至数据库。

2.3　柑橘病害智能监测系统研发

柑橘病害智能在线监测系统研发分为系统服务端研发和系统客户端研发两个方面，系统服务端使用Python语言实现算法调用服务的搭建，系统客户端利用C#语言基于海康SDK实现二次开发，以Visual Studio 2017为开发工具，本系统基于MySQL数据库，对应的数据库可视化工具采用Navicat for MySQL。

2.3.1　在线监测系统工作流程设计

整个系统工作流程如图6.11所示，登录系统之前进行注册，注册之后进行系统登录，登录之后可以实现用户管理、视频监控、云台控制和日志查询等基本功能。客户端系统利用解码器对视频流解码，从而得到图像数据，与此同时也可以直接上传图像，调用服务端算法对图像数据进行识别，根据识别结果分析病害情况，并将识别结果写入数据库，生成日志文件得以保存。

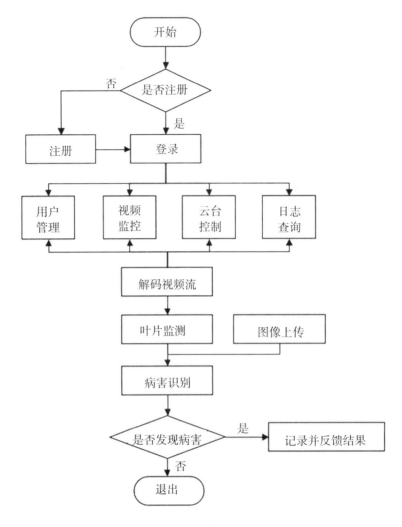

图6.11　系统流程图

2.3.2　视频解码模块

该模块调用海康威视SDK解码器，之所以采用这种方式，是因为与OPENCV库函数解码相比，海康威视的SDK解码器占用的CPU资源更少，因此解码效率更高。该模块对视频流进行解码，以获取图像数据，然后对图像进行预处理操作，将其转化成满足叶片监测模型输入的图片格式。解码流程如图6.12所示。

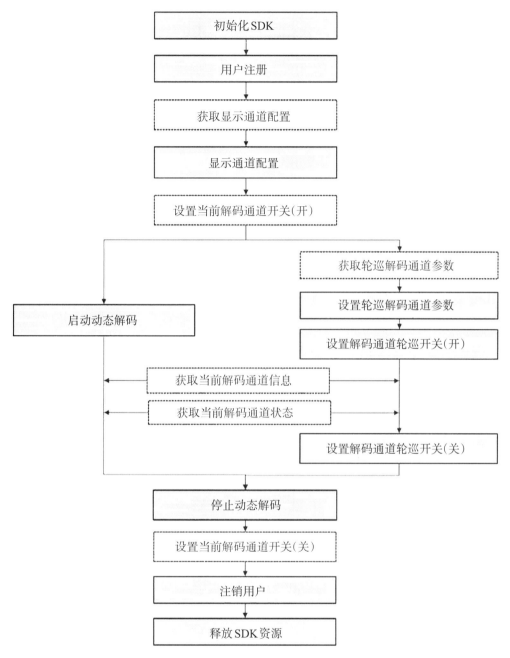

图6.12　海康威视SDK库解码流程

2.3.3　算法调度模块

该模块为实现算法的调用功能。本书的客户端系统搭建在主机上，而服务端搭建在工作站上，客户端实现图像采集，传输给服务端，服务端调用深度学习模型进行监测，并将监测的结果传输给客户端进行展示。本书采用基于TCP的Socket通信来实现客户端与服务端之间的数据传输。

Socket遵循TCP/IP协议，是进行网络通信的基础，它可以实现不同设备与应用进程之间的双向通信，显然，1个Socket包含5种信息，都是进行网络通信所必需的，分别是双方通信共同遵循的协议、本地设备的IP地址、本地设备的协议端口、远地设备的IP地址以及远地设备的协议端口。通信模型如图6.13所示。

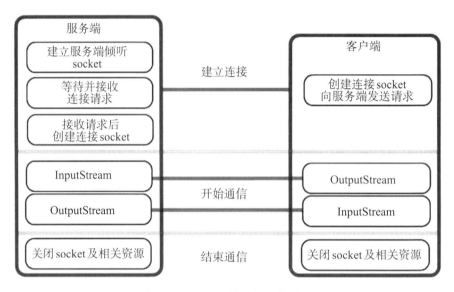

图6.13　Socket通信模型示意图

目前深度学习算法调度大多采用生成dll再进行调用的方式，相比之下本书采用Socket通信方式的优势在于一旦算法方面有修改只需要重启服务即可，不必再进行dll的重新生成替换，可以最大限度地实现解耦。系统图像采集模块实现图像的截取，将截取图像利用Socket传输至服务端，服务端接收图像后调用算法对其进行监测，将监测结果传输至客户端，在系统主界面呈现并保存至数据库。算法调度的主要流程如图6.14所示。

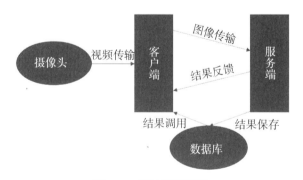

图6.14　算法调度流程

2.3.4　数据库模块

该模块提供系统数据存储和管理功能，本系统使用的是MySQL数据库，因为跟

Orcale、SQL Server等数据库相比，它具有速度快、开源、服务稳定和性能卓越等优点，并且还有配套的可视化界面软件可以简化操作。本系统所涉及的数据量并不大，数据类型也并不复杂，因此使用MySQL数据库是最好的选择，这样既能实现相应的数据存储管理功能又能节约成本。

数据库包含四张表，如图6.15所示。User表用于用户管理，在用户注册登录时创建此表，包含UserId、UserName、UserPassWord三个字段。TestResult用于记录叶片监测结果，包含TestTime、TestId、x0、y0、x1、y1、Result等七个字段。其中TestTime表示监测的时间，TestId表示监测的序号，x0、y0、x1、y1分别表示监测到叶片的坐标，Result表示叶片的识别结果。Log表用于记录识别的日志，包含LogId、LogTypeId、TestTime、LogMessage四个字段，其中LogId表示日志的序号，LogTypeId表示日志类型的序号，TestTime表示监测的时间，LogMessage表示日志的相关信息。LogType表用于记录日志的类型，包含LogTypeId和LogTypeName两个字段，LogTypeId表示日志类型的序号，LogTypeName表示日志类型。

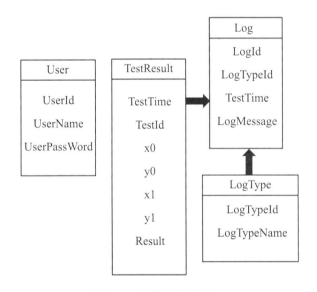

图6.15　数据库关系图

2.3.5　预警模块

预警模块是当监测出病害时，在本系统中主要针对红蜘蛛、潜叶蛾以及溃疡病等常见病害，进行预警。其相关信息都存储在Log和LogType表中，预警的方式分为两种（见图6.16）：一种是界面提示告警，会在界面显示监测的结果，并且针对监测的病害会给出相应的防治措施；另一种是录到日志中并对病害监测结果的图像进行保存，有助于对病害监测的情况进行多次查询。

图6.16　预警模块示意图

2.4　柑橘病害智能在线监测系统实现

系统的各项开发工作完成之后，将系统应用到示范地果园，试验地点位于四川省德阳市旌阳区新中镇尖山村柑橘果园，示范区果园有200亩。通过前期调研，了解到该果园常发的病害为潜叶蛾、红蜘蛛和溃疡病，与本书研究的病害完全相符。

系统客户端PC和服务端工作站安装于教研室，客户端可以远程采集视频信息，并与服务端进行交互，系统采集摄像头安装于示范区果园内。接下来将详细介绍系统各部分功能的运行情况，并将运行结果以图文结合的形式呈现。

（1）配置管理

输入用户名、密码、电话和邮箱等相关信息后可以对用户进行注册，注册成功后点击登录界面，输入相关信息进行登录。

（2）视频预览

采用远程视频获取的方式，摄像头搭建在示范地果园，客户端PC位于学校，多次试验未出现卡顿现象，有效证明了视频预览的实时性和稳定性，视频预览如图6.17所示。

图6.17　实时视频预览

（3）信息采集

用户点击截图实现图像采集，采集的图像保存至本地。用户点击录像，一段时间后点击停止录像实现视频采集，采集的视频保存至本地。采集的图像和视频如图6.18所示。

图6.18　信息采集并保存

（4）智能云台

用户点击上、下、左、右实现摄像头的上下左右旋转，点击放大、缩小实现镜头的拉远和调近，智能云台操作如图6.19所示。

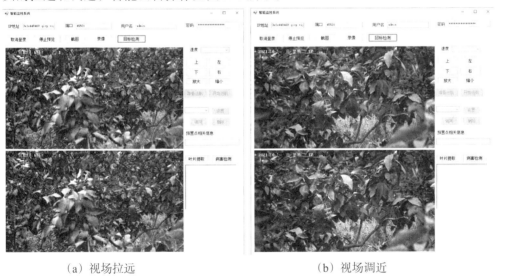

（a）视场拉远　　　　　　　　　（b）视场调近

图6.19　智能云台操作

（5）预置点管理

用户通过智能云台控制可将摄像头旋转移动至某一位置，并将该位置设置为预置点，后续可通过预置点编号使得摄像头旋转移动至之前设置的位置，本系统支持300个预置点设置。预置点设置、调用如图6.20所示。

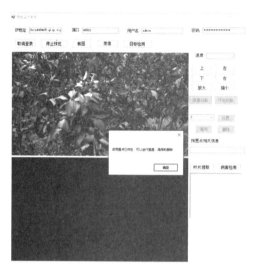

（a）预置点设置 　　　　　　　　　　　　（b）预置点调用

图6.20　预置点设置

（6）叶片监测

用户在某一时刻点击叶片可以实现图像的截取，并会调用服务端的叶片监测算法对图像进行叶片监测，监测后的图像会在界面呈现，并将监测后的叶片个数展现在界面以及将相关数据保存至数据库，其示意图如图6.21所示。

图6.21　叶片监测示意图

（7）病害识别

用户在进行叶片监测之后可以点击病害识别，调用服务端的病害识别算法对每一个叶片进行病害监测，监测出的病害叶片会标红，并将识别后的叶片病害情况展现在界面以及将识别的结果保存至数据库，其示意图如图6.22所示。

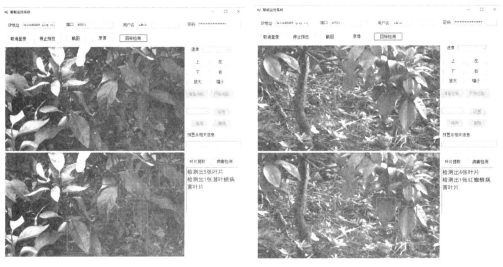

（a）摄像头采集图像病害识别

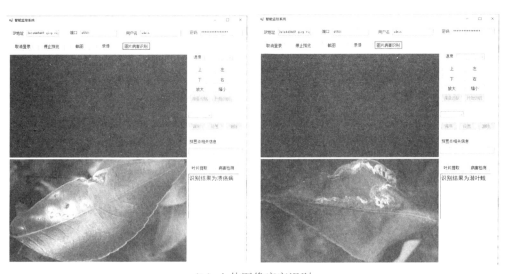

（b）上传图像病害识别

图6.22 病害识别示意图

2.5 柑橘病害智能在线监测系统测试

为确保系统具有足够的可靠性、稳定性和实用性，能够满足实际应用的需求。针对该柑橘病害智能在线监测系统制定了一系列测试方案，对系统进行详尽、严格的功能测试。

2.5.1 测试环境

系统测试环境由摄像头、服务端工作站、客户端PC组成。摄像头采集视频数据，客户端远程获取视频数据，服务端设备与客户端设备通过局域网连接。系统测试设备的具体配置和功能见表6.8所示。

表6.8 系统测试设备配置及功能

设备	配置	功能
摄像头	400万智能球形摄像机,支持H.265编码,焦距4.8～110 mm,23倍光学	监控视频实时采集
服务端工作站	Intel(R) Xeon(R) CPU,显卡NVIDIA GTX2080Ti,8 GB,操作系统Ubuntu16.04,CUDA8.0,cuDNN7.0.2,OpenCV3.3.0	运行服务端程序采用算法调度实现叶片监测、病害识别
客户端PC	Intel(R) Core(TM) i5-6500 CPU@3.20 GHz 4 GB,操作系统Windows10～64位	运行客户端程序,实现该系统各项功能

2.5.2 测试方案

根据该系统的相应功能,对系统设置了相应的测试方案,以此评估系统是否可以稳定有效地运行,具体测试内容见表6.9所列。

表6.9 测试方案及内容

测试对象	测试模块	测试内容
客户端	配置管理	用户注册
		系统登录
	视频预览	监测视频显示
	信息采集	图像采集
		视频采集
	智能云台	摄像头旋转
		摄像头放大缩小
	预置点管理	预置点设置
		预置点管理
		预置点删除
服务端	叶片监测	推送监测结果
	病害识别	推送识别结果及预警

2.5.3 测试结果分析

针对系统测试方案及内容对系统进行测试,测试结果分析见表6.10。

表6.10　测试结果分析

模块	测试步骤	预期结果	测试结论
配置管理	输入用户名、密码、再次密码、电话和邮箱,点击注册按钮	提示注册成功,跳转回登录界面	测试通过
	输入错误的用户名和密码,点击登录按钮	提示登录失败,用户名或密码错误	测试通过
	输入正确的用户名和密码,点击登录按钮	提示登录成功,跳转至系统主界面	测试通过
视频预览	点击预览按钮,点击停止预览按钮	视频图像显示,视频图像关闭	测试通过
信息采集	视频预览后,点击截图按钮	截取的图像在界面呈现,图片保存至本地	测试通过
	视频预览后,点击录像按钮,一段时间后,点击停止录像按钮	采集的录像保存至本地,可以用播放器观看	测试通过
智能云台	设置速度,点击上、下、左、右按钮	摄像头以一定的速度向上、下、左、右旋转,监测画面随之改变	测试通过
	设置速度,点击放大、缩小按钮	摄像头以一定的速度放大、缩小,监测画面随之改变	测试通过
预置点设置	选择预置点序号,点击调用按钮	若预置点不存在,提示预置点未设置,若预置点存在,摄像头旋转至该序号预置点位置	测试通过
	选择预置点序号,点击设置按钮	当前位置被设置为该序号预置点位置	测试通过
	选择预置点序号,点击删除按钮	该序号预置点被删除	测试通过
叶片监测	图像截取后,点击叶片提取按钮	图像展现叶片提取结果,右侧文字描述监测结果	测试通过
病害识别	未点击叶片提取按钮,点击病害监测按钮	提示未进行叶片提取,无法进行病害识别	测试通过
	点击叶片提取按钮后,点击病害监测按钮	图像展现病害提取结果,右侧文字描述识别结果	测试通过
	点击图片病害识别按钮,选择图片路径	界面显示上传的图像,右侧文字描述识别结果	测试通过

第三节 基于移动终端的草地覆盖度智能测量系统设计与实现

3.1 草地图像语义分割与覆盖度计算

本书在数据集的构建中对图片经过严格的筛选和预处理，以去除噪声和异常数据，并保证数据的统一性和可比性。同时，合理地应用数据增强技术可以有效地增加数据集的多样性和数量，从而提高模型的性能和泛化能力。此外，由于草地图像画面复杂，信息量大，纯手工标注一个图集的工作量非常庞大，很难完成一个满足训练需要的数据集标注。本书采用了一种结合融合阈值分割与图像半透明叠加技术制作语义分割标签，有效地增加草地图像标签制作效率。

本书针对草地图像的识别任务设计了 R-Unet 神经网络模型，同时，结合了草地图像复杂的特性引入了两种注意力机制模块，用于加强草地图像特征的提取，有效地提升草地图像的识别精度。最后通过将 R-Unet 网络模型与基础分割模型的分割结果进行对比分析，验证改进的网络模型的有效性。

3.1.1 草地图像数据集构建

3.1.1.1 草地图像数据集的样区选择与样本采集

采样区位于四川省成都市高新西区电子科技大学（清水河校区）与四川省眉山市彭山区郊区，选择的草地包括针叶草地、阔叶草地、苔藓和阔叶针叶混合型草地等类型，秋季采样的草地形态十分丰富。本书采用 1 200 万像素的手机后置摄像头进行图像采集，摄像头与地面相距 1.5 m 左右，拍摄时手机倾斜角度小于 5°，确保拍摄的图像接近垂直投影视角。

在上述采样区的各种草地中共采集了 833 张植被图像，部分图像如图 6.23 所示，统计数据见表 6.11。

图 6.23 草地图像采样示例

表6.11　采样草地图像统计

类别	图像数量/张	比例/%
针叶草地	433	51.98
阔叶草地	217	26.05
混合型草地	183	21.97

3.1.1.2　标签制作方法

　　首先从实地采样的草地图像中选取了807张图片。其中针叶草地植被图像叶片繁多细小且狭长，叶片交错轮廓复杂；苔藓草地植被的界限模糊。一张草地图片可能包含多株针叶草地植株图像或者针叶草地植株与苔藓草地混合图像，采用传统的标签方法手动制作非常耗时。通过人眼对针叶草地、苔藓草地进行像素级的勾勒处理常会导致误判、漏判情况。鉴于此，本书采用了一种融合阈值分割与图像叠加技术的半自动图像标签方法。方法流程如图6.24所示。

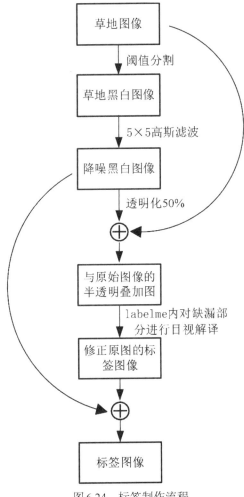

图6.24　标签制作流程

当草地图像在通过阈值分割后，一般土壤区域会存在一些石块等干扰物，这使得图像中存在高闪光点，进而影响阈值分割的结果。本书采用高斯内核过滤图像，以消除图像中由光线带来的高频噪声。通过50%的透明化与原图像叠加，可以清晰地发现阈值分割图像结果中因阴影导致的误判、漏判，进而在 labelme 中通过目视解译将缺漏与误判部分进行勾勒标记，得到修正的标签图像。最后将修正的标签图像与阈值分割的标签图像按规则进行融合，即可得到最终想要的标签图像。

（1）草地图像阈值分割与滤波。首先获取草地植被图像的 RGB 通道的灰度值，将图片中的 RGB 值分为三个灰度值矩阵。通过常用植被可见光指数（cive）来确定过滤的阈值，其公式为

$$cive = 0.441 \cdot R - 0.811 \cdot G + 0.285 \cdot B + 18.787\,45 \tag{6.5}$$

通过式（6.5）得出过滤的阈值矩阵，将过滤阈值矩阵中大于0的置为255，小于0的置为0，得到初步的草地分割黑白图像。然后通过高斯内核过滤图像，以消除图像中的毛刺与高频噪声。

高斯核的大小通常为奇数，以确保其具有中心点，常见的高斯核大小如图6.25所示。高斯核可以通过不同的参数进行调整，以便在不同的应用场景中使用。由于草地图像分辨率较高，草地噪声尺度较大，需要较强平滑效果。故本实验中使用 5×5 的高斯核对图像进行滤波。

$$\frac{1}{16} \times \begin{array}{|c|c|c|} \hline 1 & 2 & 1 \\ \hline 2 & 4 & 2 \\ \hline 1 & 2 & 1 \\ \hline \end{array} \qquad \frac{1}{273} \times \begin{array}{|c|c|c|c|c|} \hline 1 & 4 & 7 & 4 & 1 \\ \hline 4 & 16 & 26 & 16 & 4 \\ \hline 7 & 26 & 41 & 26 & 7 \\ \hline 4 & 16 & 26 & 16 & 4 \\ \hline 1 & 4 & 7 & 4 & 1 \\ \hline \end{array}$$

（a）3×3 的高斯模板 　　　　　（b）5×5 的高斯模板

图6.25　两种高斯核形式

滤波后的草地二值化图像如图6.26所示。

图6.26　滤波后的黑白草地图像

（2）草地图像与标签半透明叠加。直接在黑白图像上修正植被覆盖度容易误修，需要将滤值后的图片进行透明化，并与原始草地图像进行叠加，方便修正时看到阈值分割结果与原始图片的样貌。然后将叠加的图片通过标签软件 labelme 进行目视解译，重点修补部分阈值方法分割不准确的地方，比如有深度阴影的区域、背景与颜色相近的区域等，修正图像中的误判、漏判，如图6.27所示。

图6.27　草地图像标签修正示例

图6.27所示的黑色折线框中为对草地区域的补充修复，灰色覆盖区域为对背景的修正，将误判草地修正为非草地。

修正标签图中的每一个像素值代表着一个标签类别，本书由于是二分类，故设定了两个类别，每个类别对应一类像素，ungrass（灰色部分）为非植物的修正标签，grass（黑色部分）为修正的草地植被标签，_background_为背景。将该修正标签图像与阈值分割图像按照修正规则进行叠加，结果如图6.28、图6.29所示。

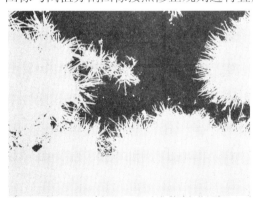

图6.28　灰度图×200的效果图　　　　图6.29　与原图半透明叠加效果图

由图6.29可以看出，对于最难标签的针叶类植物，其叶片细节被划分得很好，针对阴影部分漏判、落叶误判等情况，也通过目视解译的方式对标签图像进行了修正。

3.1.2　草地图像数据集增强

本书的草地数据集共有 807 张图片，其中主要包括针叶草地、阔叶草地与苔藓草地。

由于采样地点处于四川省境内，所以在数据集中阔叶草地和针叶草地的样本较多。本书将726张图片分为训练集，81张图片分为验证集。由于两个集合的图像数有限，在神经网络进行训练时容易造成过拟合情况，所以在数据集大小有限的情况下需要对数据集进行增广。常用的数据增广方法有两种，分别为基础数据增广和高级数据增广。本书采用了基础数据增广方法。具体而言，数据增广过程采用了旋转变换、镜像变换和裁剪切割三种方式。

3.1.2.1　几何变换

（1）水平镜像变换：以原始图像的垂直中轴线为中心，将左右部分的图像进行镜像对换。对该图像的标签图采用同样的镜像操作。

（2）旋转变换：以图像的横纵坐标中点为中心顺时针旋转一定角度，旋转变换以后图像会有一部分像素超出原始图像的边界，而另一部分区域会没有像素信息。为了使图像的尺寸不发生变化，将超出边缘的部分裁剪，而没有像素信息的部分则设定为非植物部分，即标签该区域图像的像素为 0，如图6.30所示。

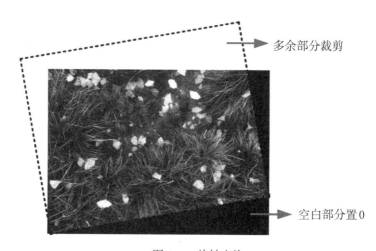

图6.30　旋转变换

图片的改变对卷积神经网络和人眼识别的影响不同，图片的角度变换和镜像翻转基本不影响人眼的识别，但会改变卷积神经网络对应的输入。不同的图像地物位置信息输入有利于提取出更丰富的抽象特征。因此，通过这种简单的增强就可以对数据集进行有效的增广，防止神经网络训练时出现过拟合的现象。

对原始图像进行几何变换前后的图像如图6.31所示。

（a）原始图像　　　（b）水平镜像翻转　　（c）逆时针旋转15°　　（d）逆时针旋转30°

图6.31　图像几何变换可视化效果

3.1.2.2　裁剪切割

在数据增广中，裁剪和切割可以与其他技术（如旋转、平移、缩放等）结合使用，以进一步增加数据集的多样性。例如，可以在裁剪和切割的同时进行旋转和缩放等操作，以生成更多的图像样本。裁剪是从输入图像中选择一个感兴趣的区域，并将其剪裁出来作为新的图像样本。切割是将输入图像切割成多个小块，这种方法通常用于图像分割等任务，将一个大尺寸图像分割成多个小块，并为每个小块打上相应的标签，以便进行模型训练和评估。本书训练输入图像的尺寸是固定的，采集的原始图像像素大小为 1 536×2 048，远高于输入图像 512×512 的像素要求，所以在模型训练之前需要对训练图像进行大小调整，但会导致丢失很多像素细节信息。因此本书将拍摄的原始图像进行 3×3 的切割，将其分割为 9 张植物图像，充分利用草地采样图像的像素信息。经过草地图像数据集增广，最后获得 19 602 张训练集图像，2 187 张验证集图像。

3.1.3　草地图像语义分割算法模型构建

3.1.3.1　草地植被图像基础模型识别分割效果分析

草地植被识别是一项复杂的任务，需要准确地划分图像中的草地区域并计算草地的覆盖度。传统方法一般通过图像分割算法，例如分水岭算法和基于阈值的方法，来进行图像的分割和草地区域的识别，但草地覆盖度的地面采样图像较为复杂，草地图像当中常常混有复杂的阴影与一些反光物，基于传统的识别方法只能提取到图像的表层特征，对于图像阴影部分与落叶的识别误差较大，常出现漏判、误判的现象。为了解决这些问题，本书利用深度神经网络，包括 U-net、PSPNet 与 DeeplabV3+，对草地图像高维特征进行提取，通过结合草地图像的浅层语义信息与高维语义信息来解决草地图像阴影对识别的影响，其分割效果与传统方法对比如图 6.32 所示。

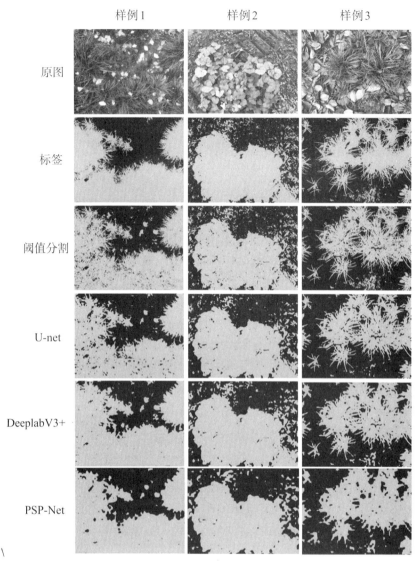

图6.32　草地样例识别结果对比

图6.32中灰色部分代表识别结果为草地植被，黑色部分代表识别结果为非草地植被。结果显示，传统的阈值分割法对于落叶与深度阴影部分识别精度较差，会有较多的漏判、误判的情况出现。针对图中识别结果进行误差统计，统计的样本平均误差结果见表6.12。

表6.12　草地图像识别误差

识别模型	阴影识别错误率/%	落叶识别错误率/%	细粒度识别错误率/%
阈值分割	8.26	11.5	0
U-net	5.77	7.48	5.81
DeeplabV3+	2.59	13.71	7.63
PSP-Net	0.75	7.14	8.63

由表 6.12 可知，草地图像的叶片轮廓因采用阈值分割法的边缘作为真值，所以其细粒度识别错误率为 0，但其对于阴影与落叶的识别能力都较差。基于 U-net 网络的算法对于叶片轮廓细节的识别效果较好，但由于 U-net 网络模型主要针对浅层特征进行分割，对于深层的特征并未加强提取，所以对于草地图像深度阴影的抗干扰能力不足，有较多的草地根部阴影区域与落叶区域未能准确识别。PSP-Net 网络模型的识别结果表明该模型对于阴影部分的抵抗能力较强，可能是由于该模型对深层特征层同时采用了金字塔池化模块和多尺度池化融合模块，对草地图像的深层特征有较强的提取能力，但对浅层的语义信息关注度不足，对叶片的轮廓信息分割效果较差。DeeplabV3+的分割效果处于两者之间，能够识别大部分的阴影，但对于落叶的识别度与叶片轮廓分割的细粒度识别依旧有待提高。

总而言之，要提高对草地图像的识别精度，实现对阴影和落叶的准确识别，神经网络算法模型需要兼顾输入草地图像的深层特征信息与浅层特征信息。此外，为增强草地图像识别的算法模型对全局的理解能力，需要扩大模型的感受野，使模型能够更好地联系上下文信息。

3.1.3.2　草地图像识别分割模型的网络结构设计

3.1.3.2.1　注意力机制的引入

由于草地图像复杂，受到部分植株目标细小、植株细节烦琐、叶片形状各异等因素的影响，神经网络不易实现草本植株叶片轮廓的精确分割。为此，本书引入 SE 注意力模块和 CBAM 注意力模块用于解决草地图像细节轮廓的识别问题。

为了减少参数量，卷积神经网络随着网络深度的加深会不断地丢失低层的语义信息，浓缩高维的特征，但随着信息的丢失，图像的细节信息也会随之丢失，这样会导致分割轮廓不清晰等问题。本书采用 ResNet-50 特征提取网络，它的卷积层使用了残差连接，使得网络可以更好地保留和传递特征信息。

受 PSP-Net 的启发，为加强对高维特征的提取，丰富特征信息，本书在骨干特征提取网络末端采用改进的金字塔池化模块与多尺度特征融合。此外，原始 U-net 骨干特征提取网络的每次卷积会减少特征层的尺寸，如果输入较小，可能会在边界上丢失信息，特别是在进行多次卷积操作时。因此，本书在神经网络每次卷积时在输入数据的周围填充 0 值，在保持输出特征层尺寸的同时保留图像的边缘特征。

由于主干特征提取网络采样的是 ResNet-50 的深层网络，所以骨干网络可以对草地图像的复杂高维信息进行很好的提取，但在加深特征提取网络深度的同时，会不断地丢失细节信息。为了兼顾在不断卷积中丢失的细节信息，在神经网络的解码部分使用了跳跃连接，将骨干网络编码每次池化的结果与解码器中每次上采样得到的特征图拼接起来，通过组合不同深度的特征信息，能够更好地捕捉到草地图像中的细节和整体信息，提高模型对于草地图像全局的理解能力。最终构建的草地图像识别网络结构如图 6.33 所示。

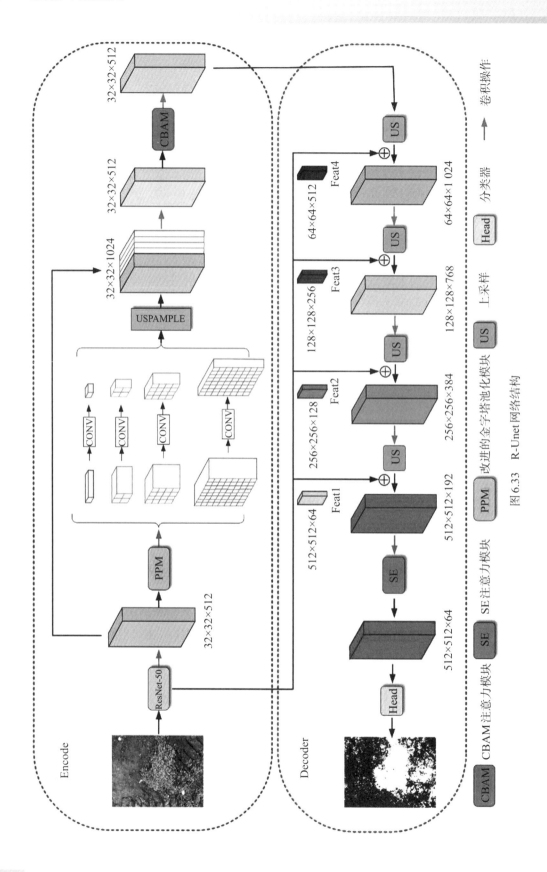

图6.33 R-Unet网络结构

该网络的基本思想是基于编解码器实现的，在编码阶段通过主干特征提取网络获取到深层的特征层，同时在每次下采样池化时将池化信息保存。而后将获取的深层特征层通过改进的 PPM 模块，该模块通过不同尺度的金字塔池化来捕捉不同的空间信息，具体而言，该结构将获取到的 32×32×512 特征层分别经过 1×1、2×2、4×4、8×8 四种尺度划分，将每个划分区域执行全局池化操作，得到不同尺度的池化特征。为了和输入特征层的尺度保持一致，池化结果会经过不同尺度的上采样后与输入特征层拼接在一起，形成一个具有多尺度信息的特征表示。通过卷积调整通道数为 512 后，将其送入 CBAM 注意力网络中，对重要信息的通道进行加权，对不重要的信息通道进行抑制，得到权重修改后的特征层即是编码的最终产物。解码阶段将深层特征层进行两次重复卷积上采样，每次上采样之后，将其与主干特征提取网络中池化层的特征层进行融合压缩。最后在解码末端通过 SE 注意力模块对得到的特征进行筛查，对每个特征通道根据重要性进行加权，而后将加权结果通过分类器得到草地图像的分类结果。

3.1.4   草地图像语义分割算法效果检验

3.1.4.1   R-Unet 改进效果分析

为了验证网络的最优性，将最终设计的 R-Unet 网络进行一定的结构调整，并进行对比分析，结构的改动包括 SE 模块与 CBAM 模块位置互换、去除 SE 模块、去除 CBAM 模块，以及同时去除 SE 模块与 CBAM 模块方案。其结果见表6.13。

表6.13   R-Unet模型最优结构分析

R-Unet 网络结构调整	MIou(%)
最终的 R-Unet 网络	92.41
SE 模块与 CBAM 模块位置互换	91.71
去除 SE 模块	91.47
去除 CBAM 模块	90.51
同时去除 SE 模块与 CBAM 模块	89.71

由表6.13 中的数据可得，CBAM 模块与 SE 模块对于网络的识别分割能力均有一定的贡献，CBAM 模块的贡献度要略高于 SE 模块。最终的 R-Unet 网络的分割精度最优，经过结构调整后的 R-Unet 网络分割精度均低于最终的 R-Unet 网络，验证了最终 R-Unet 网络的最优性。

3.1.4.2   R-Unet 与基础模型分割效果对比

为了验证网络的有效性，本书将基础 U-net 网络模型、PSP-Net 网络模型与本书提出的 R-Unet 网络模型进行对比。如图6.34所示，改进的R-Unet网络模型与两个经典网络模型 MIou 的变化曲线趋势十分接近，在 60 个 epoch 后三个模型的 MIou 基本维持稳定，改进的R-Unet网络模型的MIou数值明显高于其他2 个网络模型的MIou数值。

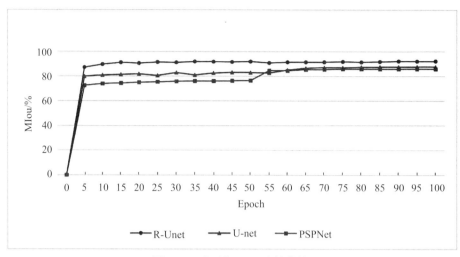

图6.34　验证集MIou变换曲线

如图6.35所示，R-Unet训练集与验证集的损失值在前20个Epoch时快速下降，并在80个Epoch后保持稳定，且损失值相差不多，说明模型并未发生过拟合现象，整个模型趋于收敛，验证了模型的有效性。表6.14展示了本书使用的模型与其他模型运行的识别精度。

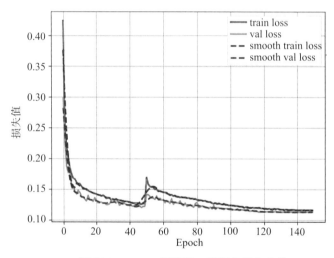

图6.35　R-Unet训练集、验证集损失曲线

表6.14　各模型识别MIou

识别模型算法	MIou/%
阈值分割	83.72
U-net	87.25
PSP-Net	85.80
DeeplabV3+	86.47
R-Unet（Ours）	92.41

　　由表6.14可以看出，本书的网络模型在识别精度上有明显的提升。为更直观地查看分割结果的不同，选取较为有代表性的草地图像作为预测样例，如图6.36所示。

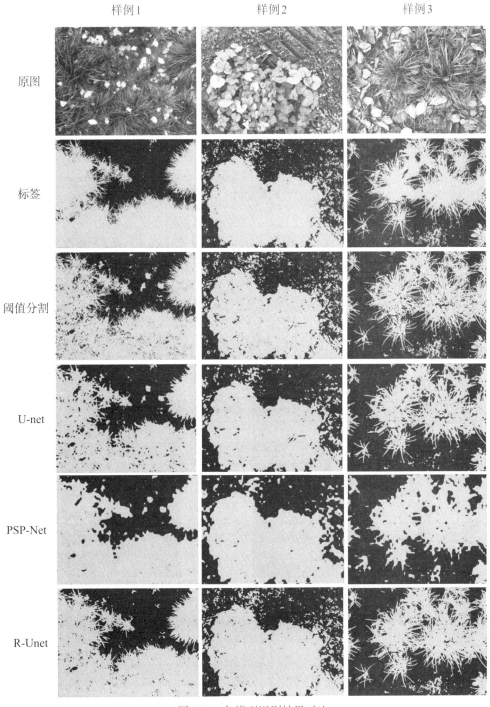

图6.36　各模型识别结果对比

误差测量结果见表 6.15。

表 6.15 R-Unet 识别误差对比

识别模型	阴影识别错误率/%	落叶识别错误率/%	细粒度识别错误率/%
阈值分割	8.26	11.5	0
U-net	5.77	7.48	5.81
DeeplabV3+	2.59	13.71	7.63
PSP-Net	0.75	7.14	8.63
R-Unet(Ours)	2.83	4.3	3.72

从图 6.36 和表 6.15 中可以看出，相对于基础 U-net 网络模型，改进的 R-Unet 网络模型对于针叶植物阴影区域的漏判明显减少，对于落叶的误判率也明显降低。同时，改进的 R-Unet 网络模型对于针叶叶片轮廓的细节分割效果很好，能够很好地捕捉叶片细节。对于阔叶植物，传统分割方法与四种网络模型都能进行较为良好的识别分割，但 R-Unet 对于周边土地上细小植物的分割细粒度更高。对于针叶、苔藓混合区域，U-net 网络不能很好地对苔藓区域进行识别，PSP-Net 网络对于苔藓区域的识别不够精准，只勾勒了大概轮廓。相比而言，改进的 R-Unet 网络对于苔藓区域的识别精度更高，边缘部分更精准。整体来看，改进后的网络对于草地图像的阴影部分表现出了更强的抵抗力，能够有效地识别草地图像中的深度阴影区域，实现草地覆盖度的测量。

3.1.4.3 R-Unet 与基础模型的大小对比

在实验中，将改进后的网络模型与其他几个网络模型的文件大小进行了对比。具体结果见表 6.16。

表 6.16 R-Unet 模型大小对比

网络	网络主干	大小
U-net	ResNet-50	168 MB
PSPNet	ResNet-50	178 MB
DeeplabV3+	Xception	162 MB
R-Unet(Ours)	ResNet-50	187 MB

由表 6.16 可以看出，本书的模型在大小上略高于其他模型，但基本处于一个量级。整体上来说，本书改进的模型在保证模型规模的基础上，实现了对草地图像识别精度的明显提升。

总体而言，本书的算法模型（R-Unet）在保持与基础模型同一量级的模型规模上，对于草地图像实现了精准的语义分割，其对于草地叶片的分割细粒度与对于阴影、落叶干扰的抵抗能力相较于基础模型都有不错的提升，其对于草地像素的平均分割精度达到 96.02%，满足草地覆盖度精准测量的需求。

3.1.5 草地覆盖度的计算

草地覆盖度的测量标准是将草地植株垂直投影于地面，通过投影部分面积占测量样区面积的百分比来确定草地覆盖度的大小。在使用该系统时需要将相机镜头垂直向下进行拍摄，经过对边缘的裁剪切割，相机镜头本身带来的边缘扭曲而导致的误差可以忽略不计，因此本书草地覆盖度计算结果是通过统计 R-Unet 算法模型分割结果中各类语义像素的比例得出的。实验中总共分为草地与背景两种语义标签，故草地覆盖度的计算公式为

$$G = \frac{P_{\text{grass}}}{P_{\text{total}}} \times 100\% \tag{6.6}$$

式中，G——该图像的草地覆盖度；

　　　P_{grass}——分割图像中草地语义标签像素的个数；

　　　P_{total}——分割图像所有像素的个数。

3.2　草地覆盖度智能测量系统设计

本章从草地覆盖度识别系统的需求分析入手，对于该系统的框架结构以及具体的功能进行了分析与设计。主要完成的内容包括：①针对草地覆盖度识别进行系统分析，包括系统性能需求分析与功能需求分析；②根据系统分析的结果对该系统的功能模块与软件层次进行了定制化设计；③根据该系统所包含的实体进行分析，并基于系统的 E-R 图对数据库表进行了设计；④针对该草地覆盖度识别系统的性能瓶颈点与安全漏洞，对多个系统局部结构进行了优化，提升系统的性能，改善系统的鲁棒性。

3.2.1　系统分析

3.2.1.1　系统功能需求分析

该系统主要是为替代草地覆盖度地面采样测量展开的，传统的实地测量方法十分耗时，同时野外数据保存也极为不便。研发一种基于移动设备数码图像的快速测量方法，对生态监测十分必要。根据野外调查工作的需求，需求分析如下。

（1）图像处理的需求。

由于在移动端对图片进行语义分割会对硬件资源要求较高，若是将分割模型移植在安卓端势必会占用大量的内存空间。为了保证在一定精度的情况下完成实时的草地覆盖度的测量，图像处理有如下几个需求。

①需要将系统的框架分为后端服务器与基于安卓的移动客户端。由于草地植物图像识别的硬件要求较高，基于安卓端的 TensorFlow 的权值文件 tflite 是服务器端 H5 权值文件的浓缩版，会造成精度的大幅下降，所以图像处理的任务需由后端服务器执行，而移动端主要用于给用户提供拍照采样的平台。

②为了提升采样图片识别的准确性与减少采样图片在网络传输的时间消耗，需要对相机所获取的实时图片进行处理，减轻服务器网络传输的压力。

③为了确保用户能够流畅地使用系统作业，必须保证草地覆盖度测量的速度最多不超过 10 s。具体来说，当用户在正常的网络环境下使用手机相机拍摄草地图片后，该图片需要在 10 s 内传输到服务器进行分割识别，并将测量结果传回到客户端显示，这样才能够保证用户能够及时获取图片分割的结果。

④为了保证草地图像采样测量的实时性，图像分割模型需要在较短的时间内完成对图片的分割，并且模型不能过大。过大的模型会增加服务器端的空间与草地图像识别所需的时间和资源，从而降低草地覆盖度测量系统的性能。因此，需要平衡模型性能和模型大小，以满足实时性的要求。

（2）数据管理的需求。

草地植被覆盖度测量系统的后端需要对每次操作的结果、操作的人员、操作时间等信息进行存储，以便后期的管理与使用。为此，在数据管理方面有两方面的需求。第一，为了确保移动应用程序和服务器之间数据交换的正确性和一致性，需要定义明确的接口规范、规定数据格式和内容，以避免可能出现的前后台数据不一致导致的错误。这样可以确保数据在传输过程中的准确性和完整性，同时也方便开发人员进行代码编写和测试。第二，为了保证数据库的有效性和可扩展性，需要对不同类型的数据进行合理的数据表设计，符合数据库设计的三大范式，解耦数据字段，同时针对高访问量的热点数据进行分表处理，以提高数据库的并发处理能力。此外，为了增强系统的可扩展性和灵活性，需要对不同功能模块、前后台模块进行解耦。通过解耦不同模块，可以将它们独立开发、测试和维护，使得系统更加灵活、可扩展和易于维护。解耦还能提高系统的可重用性，避免重复开发，降低开发成本和风险，确保系统能够在未来的需求变化中更好地适应和维护。

（3）实时定位的需求。

草地覆盖度的采样需要在具体的经纬度范围内完成，以便于与无人机或卫星遥感拍摄图像的识别结果进行对比验证。为了确保实地识别采样任务的执行准确性，需要使用 GPS 获取手机当前的经纬度、海拔高度等位置信息与判断执行任务的人员是否在任务指定区域内，并将位置信息上报。这样可以保证任务的执行准确无误，避免测量位置偏离的情况发生。

（4）用户管理需求。

用户管理需求包括两部分：用户注册登记与用户信息管理。用户可以通过多种方式完成账户的注册，如邮箱账户、手机号码等作为新用户的账号。同时，用户可以自主管理自己的个人信息，能够自由查询和修改自己的个人资料，以满足个性化需求。

3.2.1.2 系统性能需求分析

除了基本的覆盖度测量需求与用户管理需求，草地植被覆盖度测量系统的整体性能也是非常重要的。接下来将从以下几个方面描述系统的非功能需求。

系统响应时间：本系统的主要目的是通过一种便捷的方式对地面草地进行采样测量，在用户使用该系统时需要及时地获取采样图像的识别结果。若是识别的过程过长将会严重影响到用户的操作体验。因此对于用户登录等简单的查询操作，系统的响应时间应当在 1 s 以内。对于草地图像识别的响应请求，在网络通畅的情况下，系统的平均响应时间应当在 6 s 内，最大响应时间不应超过 10 s。

系统的并发数：系统的并发数指的是在同一时间段内，系统能够同时处理的并发请求或任务的数量。本书设计的植被覆盖度测量系统为多人在线使用，当同一时间存在多个用户使用该系统时，对系统的并发量有一定的要求。由于该系统面向的用户群体较小，用户使用的时间较为分散，故核心的草地覆盖度测量接口满足单秒内30以上的并发量就足以完成期望的系统需求。

系统的安全性：为了保证使用该系统的用户都为注册用户，该用户在草地覆盖度测量系统的每一次查询与执行识别任务都需要通过身份验证才可以享受服务。此外，用户的账号信息和密码的保密性至关重要。为了确保这些敏感信息不会在网络上被恶意攻击者窃取，必须对用户信息和密码进行加密存储。因此，采用明文的方式传输这些信息是绝对不可取的。只有加密存储才能保证用户身份信息的安全，防止其被未经授权的人获取和使用。

系统的可靠性：对于草地覆盖度测量系统的用户来说，去野外实地采样的时间成本和经济成本较高。为了用户能够一次性顺利完成采样识别任务，识别系统需要具有可靠性和稳定性。当系统的某块模块因为偶然因素出现故障时能够坚持完成任务，不让系统彻底宕机。

系统的便利性：草地覆盖度测量系统是专门用于野外地面草地采样的，因此对于用户而言，操作简单、界面友好是提高采样效率的关键。为了方便用户的使用，该系统采用了单点登录的方式，即用户只需要登录一次，便可以在系统中多次使用服务，无须反复输入账号和密码，提高了用户的使用效率和体验。

3.2.2　系统功能模块设计

基于上述需求分析，草地覆盖度测量系统可以被分为三个核心模块（如图6.37所示）：用户模块、图像识别模块、GPS定位模块。其中，图像识别模块是本系统的核心，承担了绝大部分的功能需求和访问负载，其主要功能包括对草地图像进行采集、对草地图像进行分割识别并通过像素统计计算覆盖度；用户模块负责用户的注册与管理功能，用户可以通过该模块进行个人信息的管理；GPS定位模块基于手机的GPS实现，为用户的草地野外采样测量提供辅助位置信息。

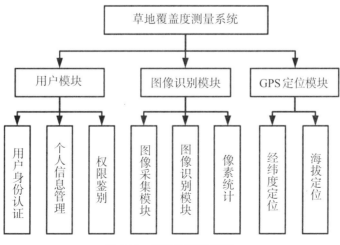

图6.37　系统功能结构图

（1）用户模块设计

系统用户模块是一个系统中至关重要的一部分。它负责该系统的用户身份认证、个人信息管理和权限鉴别等方面。用户身份认证功能包括了用户注册、用户登录、找回密码等。个人信息管理功能主要是用户可以更新和维护他们的个人信息，例如更改联系信息、密码和个人资料等。权限鉴别功能主要是根据用户的身份和角色来限制他们可以访问哪些资源和执行哪些操作。

当新的用户想要使用本系统的草地图像分割识别功能时，需要先注册为该系统的用户，作为匿名的游客对于系统的核心功能没有访问权限，只可以查看当前定位的经纬度和海拔信息。用户可以将手机号或者电子邮箱作为用户注册的账户，注册成功会将用户的各项信息存进数据库，用户可以通过绑定手机号码或邮箱进行密码找回。同时，密码作为用户较为敏感的信息不适合与用户账户信息以明文方式存放在一起，为了保护用户的隐私安全与账户安全，本系统将用户的账户信息与密码进行分表存储，其中密码信息在存储前进行 MD5 加密。

（2）图像识别模块设计

图像识别模块是整个系统的核心模块，该模块存储了识别前后的图像信息、操作的时间、操作者等相关信息。用户可以通过查询自己账户的历史记录获取之前进行过的识别测量记录。

由于草地图像语义分割模型需要大量的计算和存储资源，为了保证测量时达到足够的精度需求，该系统将模型部署在了服务器端。用户使用识别测量功能的流程如图 6.38 所示。

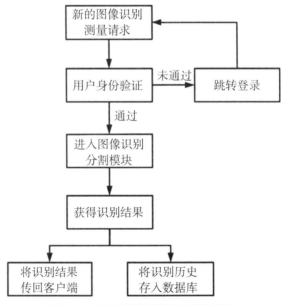

图 6.38　草地图像识别测量请求流程

如图 6.38 所示，当服务器系统收到来自客户端的分割请求时，首先会从请求中获取请求用户的身份信息，进行用户身份的验证。若身份验证通过，则会进入草地图像分割服务。该服务由两部分组成：一个是基于 Java 的服务器，一个是基于 Python 语言的草地覆盖度分割算法模型。二者通过 socket 套接字完成信息的交互。交互过程设计如图 6.39 所示。

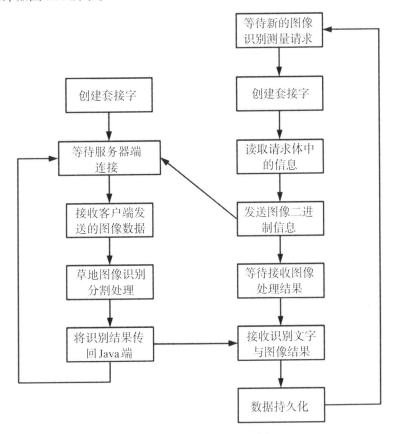

图6.39　进程间交互流程图

由图 6.39 可知，在启动该服务后系统会创建一个 socket 对象，用于与 Python 端建立 TCP 连接。连接建立完成后，每当有分割请求，便会从请求体 JSON 文件中获取待测图像的二进制数据与测量的位置信息，并将该二进制数据发送至 Python 端，而后等待 Python 端的处理。Python 端在接收到数据后对该图像数据进行识别分割，并将结果图像与识别结果发送回 Java 端。Java 端将根据识别结果、识别位置、操作者的身份信息等将其存入对应的数据库并将其发送回安卓客户端，至此完成识别结果的持久化与识别测量请求、处理、展现的整个流程。

3.2.3　系统软件层次架构设计

本系统的软件层采用了前后端分离的方式进行开发：前端为安卓客户端，用于给用户展现静态资源；后端对用户透明。通过安卓系统将请求进行动静分离，有效地降低了对后端服务器的工作压力，提高了系统的响应速度。微观上可以视为将一个后端模块拆分为几个子服务，每一个子服务包含了一个特有的功能（如用户登录、图像识别、历史查询等）。系统架构图如图 6.40 所示。

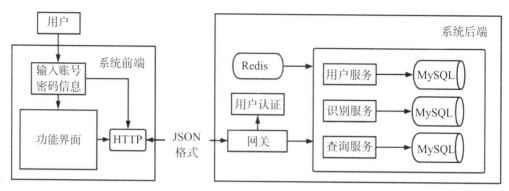

图6.40 系统整体框架示意图

数据与表现分离的开发方式将系统划分为面向用户的安卓客户端和面向接口的草地覆盖度识别的后端服务器。安卓客户端的作用是渲染用户的使用界面，相比于传统的单体式后端服务器，例如MVC模式中的View层，其页面渲染、图片加载、视图填充等工作均由后端完成。而前后端分离的设计可以将该工作转移至前端即客户端，前端可以专注于UI和用户体验，后端可以专注于数据处理和业务逻辑。此外，通过分离前后端对系统的安全性有一定的提升。前端的服务器应用无法直接访问数据库，只能通过特定的API与后端进行数据交互。这使得后端可以更好地保护数据的安全性和完整性。

前后端通过HTTP请求进行通信，将定位信息封装并序列化为JSON格式与草地图像数据一同存放在请求体中，身份信息存放在请求体中。后端在接收到前端的请求时，会首先进行身份的确认，只有身份信息通过验证才可以进入草地图像识别测量的流程中。这种方式既解决了系统的安全性问题，也能有效地降低网络资源的占用。

在系统高并发的情况下，网络带宽也是影响系统最大并发的瓶颈之一。在传统的MVC单体应用服务器中，当用户重复地刷新页面或者进行页面的切换时，会导致页面视图的数据占据网络数据包的很大一部分。当使用安卓作为客户端时，会将操作请求进行动静分离，当进行静态页面的切换而不涉及动态资源的请求时，不会向服务器端发送访问请求，而是在本地直接进行静态文件的渲染。当安卓端前端发送动态请求时，后端会将关键性的数据序列化为JSON文件来传输，有效地减少了网络数据包的传输量，降低了对网络带宽的依赖，有利于提升系统的吞吐量，同时也能够提升系统的响应速度。

3.2.4 系统的数据库设计

3.2.4.1 E-R图设计

草地覆盖度测量系统以用户进行草地图像识别测量为主线进行设计。草地覆盖度识别测量操作是由操作用户创建的，用户的属性包括了用户ID、注册方式、注册时间、姓名、性别、生日、电话号码、第三方登录ID，一个用户可以创建多个草地覆盖度测量的操作。每个用户都拥有唯一一个对应账号的密码，密码实体包括了密码ID，用户ID与具体的加密后的密码信息。草地覆盖度识别测量操作是由待测量的原图与识别结果这两个实体组成的，每个识别测量操作对应了一张待测量的原图和一份识别测量的结果。原图实体包括了原图ID和原图数据，识别结果实体包括了识别结果ID、草地图像覆盖度、识别分割后的图像数据、识别图像的背景像素数、草地像素数、图片总像素数。草地覆盖度识别测量操作实体包括了操作ID、操作用户ID、实行该操作的时间，测量结果ID、测量原图的ID、测量地点的经度、纬度和海拔。草地覆盖度测量系统的E-R图如图6.41所示。

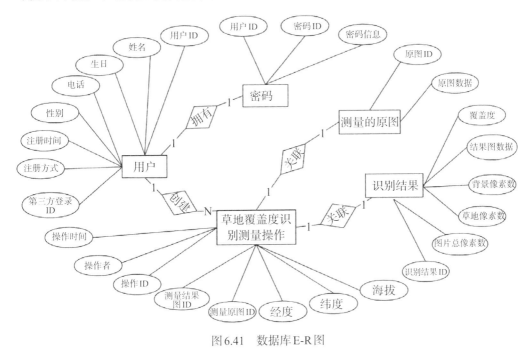

图6.41　数据库E-R图

3.2.4.2　数据库表设计

草地覆盖度测量系统根据各个功能模块的作用需要设计多个数据库表以供注册识别等产生数据的持久化。表的设计是由多个要素构成的，包括字段名称、数据类型、数据类型长度、默认值、是否为主键以及注释信息等。其中，字段名称是该字段的英文翻译，能够清晰地表达该字段的含义，使得开发人员在看到名称时能够直接理解该字段的作用。通过合理的字段命名，可以提高表的可读性和易用性。字段类型的长度决定了当前字段信息存储在数据库的最大值，当数据库中需要存储图片所序列化的二进制信息，需要将长度设置在合适的范围，否则图片无法完整地存入数据库中。是否为空字段要求对用户进行限定，对于一些重要的字段，必须将其完善否则不可将数据入库，因为在后期的服务中需要该字段进行其他的应用。同时，表的主键需要标明，一张表只有一个主键，由于数据库通过主键搜索具体某条数据的特点，所以主键不应当有重复，以此保证数据库可以通过主键快速检索。

用户表的字段为用户的相关信息，见表6.17。字段ID为用户ID，此ID是整个用户表的主键，数据库通过该ID对用户信息进行快速检索。每当有新用户注册，用户 ID 会往上自行增加；字段 name 是用户的用户名；字段 gender 是用户的性别，为了方便使用，将性别设置为 0、1、2 三种选择分别代表保密、男、女；字段 telephone 表示用户的电话号码，电话号码是全局唯一的，所以也是用户登录该系统时使用的账户；字段 register_mode 代表用户的登录方式，用户可选择通过邮箱、电话号码等方式进行登录；字段 third_party_id 是指当用户通过第三方账户如 QQ、微信登录时系统生成的 ID，当用户通过注册账号登录时，该字段为 null；字段 create_time 为用户的注册时间，可以通过该项对用户进行筛查管理。

表6.17　用户信息表

字段	解释	数据类型	长度	主键与否	是否可空
ID	用户 ID	int	12	是	否
name	用户名称	varchar	32	否	否
gender	性别	tinyint	2	否	否
birth	年龄	date		否	否
telephone	电话号码	varchar	64	否	否
register_mode	登录方式	varchar	64	否	否
third_party_ID	第三方登录 ID	varchar	64	否	是
create_time	注册时间	date		否	否

密码表则是存储了与每个用户关联的密码的散列值。将密码表和用户表分开，可以降低安全风险，因为散列值相对于明文密码更加难以破解。如果攻击者能够获取用户表和密码表，他们仍然需要花费相当大的精力和时间来解密散列值，以获得用户的密码。此外，分开密码表和用户表还可以更容易地管理和更新密码策略，提高密码管理的灵活性和可操作性。密码表的字段见表6.18，字段 ID 为密码与该表中的 ID，用于密码的检索；user_ID 为该密码关联的用户 ID，可以通过此 ID 查询到该用户 ID 对应的密码；字段 password 是密码，为了保证用户信息的安全，密码信息不可以使用明文保存在数据库中，而是先采用 MD5 的加密方式对密码进行加密，将其映射为一个 128 位的输出值，通常表示为一个 32 位十六进制数，再将加密后的字符串存入数据库中。

表6.18　密码表

字段	解释	数据类型	长度	主键与否	是否可空
ID	密码ID	int	12	是	否
user_ID	用户ID	Int	12	否	否
password	密码	varchar	32	否	否

图像数据表主要用于存储已分割的图像，用于历史记录的查询，见表6.19。字段ID为该图像的ID，设置为自增主键，用于对图像信息的检索；字段image为该图像的二进制信息，由于过大的图片对服务器的任务压力与存储压力过大，同时会占用过多的网络资源，所以对存储的图像大小限制为16MB。

表6.19　原始图像表

字段	解释	数据类型	长度	主键与否	是否可空
ID	图像ID	int	12	是	否
image	图像二进制信息	mediumblob		否	否

识别图像表存储了草地图像的分割识别结果，见表6.20。字段ID为该表中的图像ID，设置为自增主键，可根据该ID在表中快速检索某条图像数据；字段data表示识别分割后的图像数据的二进制数据；字段total_pix表示该图像的像素数量总和，根据对原始图像限定为16 MB大小的图片，每个像素使用24位（3字节）表示，即每个像素具有RGB三种颜色通道，每种通道8位，可得一张16 MB图片的最大像素总数为5 242 880，即23位的int整型数据即可覆盖，为了留有一定的阈值，将其设为int型24的长度；grass_pix与background_pix分别代表了该图片识别为草地的像素数与背景的像素数，参数设定原理同上。

表6.20　分割结果表

字段	解释	数据类型	长度	主键与否	是否可空
ID	图像ID	int	12	是	否
data	图像二进制信息	mediumblob		否	否
coverage	草地覆盖度	double	12	否	否
total_pix	像素总数	int	24	否	否
grass_pix	草地像素数	int	24	否	否
background_pix	背景像素数	int	24	否	否

识别操作表主要记录了用户使用该系统识别功能的信息，见表6.21，字段ID表示本次操作的ID，该字段设置为自增的主键；字段original_image_ID表示本次分割操作的原始图像的ID，可以通过此ID在original_image表中进行查询图像数据；字段recognition_image_ID表示此次操作识别完成图像的ID，可以通过此ID在recognition_image表中进行查询图像数据；字段user_ID表示使用本次功能的用户的ID；字段datetime记录了本次操作的开始时间，精确到具体的年、月、日、小时、分钟和秒；字段longitude和latitude用于记录本次操作的经度与纬度，由于该记录需要保留6位小数点后的有效数字与小数点前最多三位整数共9位有效数字，因此需要使用double类型来确保存储精度;字段height表示操作所在地的海拔。

表6.21　操作日志表

字段	解释	数据类型	长度	主键与否	是否可空
ID	事件 ID	int	12	是	否
original_image_ID	原始图像 ID	mediumblob		否	否
recognition_image_ID	识别图像 ID	double	12	否	否
user_id	用户 ID	int	12	否	否
datetime	操作时间	datetime	24	否	否
longitude	经度	double	16	否	否
latitude	纬度	double	16	否	否
height	海拔	int	16	否	否

3.2.5　系统接口设计

系统接口设计是制定在服务端与客户端之间进行数据交换和信息传递时所需要的规则和标准。良好的接口设计可以使系统之间的通信更加顺畅和高效，同时可以降低系统之间出现问题的风险。下面简单介绍一下该系统的接口设计，系统中核心部分接口见表6.22。

表6.22　接口设计

接口名	请求方法	请求数据类型	返回数据类型	含义
/user/login	POST	JSON	JSON	用户登录
/user/register	POST	JSON	JSON	用户注册
/user/getotp	POST	JSON	JSON	获取 otp 短信验证码
/user/get	GET	JSON	JSON	获取用户信息
/operate/history	GET	JSON	Image+JSON	历史操作查询
/operate/imagemeasure	POST	Image+JSON	Image+JSON	图像覆盖度测量

接口的设计包括了接口名称、数据格式、传输协议、异常处理等。本书的接口采用了分层设计，接口普遍分为两层。第一层为接口所在服务的主体，见表6.22，user 为功能的主体，表示该层下的接口都围绕着 user 的功能服务。第二层为具体的接口名，如登录接口，注册接口，短信验证接口等。该层的名称一般直接对应该接口要服务的功能，同时，请求的数据类型与返回的数据类型也应根据具体服务的功能进行设定。接口的请求方法的设计主要是根据该请求会不会改变数据而设定的。若是该请求只是对已有数据进行读取，则使用 GET 方式；若是该请求会修改或增加已有数据，则使用 POST 方式。JSON 文件的数据结构较为简单，相比于 XML 等其他数据交换格式，JSON 数据量小且易于读写和解析，同时 JSON 的格式是基于键值对的，具有良好的可读性，方便开发者进行调试和维护。

3.3 草地覆盖度智能测量系统实现

本章的主要内容为将安卓系统和 PC 端服务器结合，实现草地覆盖度识别系统。需要实现以下几点任务：（1）系统开发环境的搭建；（2）系统框架结构的实现和关键问题的解决；（3）系统各个功能模块的实现；（4）系统核心接口的性能测试结果与系统的实地测试。草地覆盖度识别系统具有完整的图像采集模块、数据库管理模块、服务器通信模块和 GPS 定位模块。系统搭建可以通过网络实现服务端和客户端的通信，以及野外的实地测量。

3.3.1 开发环境搭建

本书设计的是草地植被覆盖度测量系统，操作系统选用常规的 64 位的 Windows10 系统，CPU 选用英特尔 32 核的黄金一号处理器，内存为两条 32 GB 的显卡。由于在语义分割方面需要大量的计算和内存支撑，且本书选用的神经网络模型计算量庞大，训练中包含了大量并行计算，需要显卡具有较高的内存容量与带宽，所以显卡选用了英伟达 RTX 3090 显卡，具体开发参数见表6.23。

表6.23　移动端开发环境

名称	参数
操作系统	64 位 Windows10
CPU	32 核 Intel（R）Xeon（R）Gold 6226R
内存	64 GB
显卡	NVIDIA GeForce RTX 3090

该操作系统的环境搭建包括了服务器端开发环境的搭建、安卓应用系统的开发环境搭建与深度学习模型训练的环境搭建三大部分。其中安卓移动端开发与服务器端开发环境包括Java 环境配置、安卓环境配置、Springboot 环境配置、数据库部署、Nginx 部署等。模型训练的环境搭建主要是安装 Python 和 Anaconda、创建 Python 环境、安装深度学习框架、安装辅助 Python 工具包等。

3.3.1.1　服务器端开发环境搭建

服务器的开发环境详细信息见表6.24。

表6.24　服务器端开发环境

名称	参数
开发工具	IntelliJ IDEA
开发语言	Java 8、SQL、XML
开发设备	戴尔图形工作站
开发框架	SpringBoot、MyBatis、MySQL

本书的服务器端是基于 Windows10 系统搭建的，系统服务器的开发工具采用了 IntelliJ IDEA，它提供了强大的编辑器、代码分析工具、自动完成、重构工具、版本控制工具集成等功能。服务器端的开发环境搭建主要包括了 Springboot 框架的搭建、mybatis 框架部署、数据库的部署三个部分。

3.3.1.2 安卓端开发环境搭建

本书的移动端是基于安卓系统开发的。开发工具采用了 Android Studio。它提供了一个集成开发环境，可以帮助开发人员轻松地编写、测试和部署安卓应用程序，并且其中包含了许多工具和库。例如自带的布局编辑器可以支持拖放 UI 组件、预览布局，还提供了各种插件的支持，可以有效地简化应用开发的过程。同时，Android Studio 支持 Java 和 Kotlin 两种编程语言，本书选择了使用范围较广、引入很多新特性的 Java 8 作为开发语言环境。此外，Android Studio 还提供了一个内置的模拟器，可以让开发人员在电脑上模拟不同的安卓设备，以便进行应用程序测试和调试。具体的开发环境见表6.25。

表 6.25 安卓端开发环境

名称	参数
开发工具	Android Studio
开发语言	Java 8
开发设备	小米 11
系统版本	Android 12

Android Studio 的安装需求较为简单，只需要最低 4 GB 的内存空间，2 GB 的硬盘空间即可，安装需要从安卓的官网下载对应的安装包，下载后按指示操作即可。使用 Android Studio 前首先需要将环境内的 Java 前置环境配置好，不然容易出现多方面的问题。启动 Android Studio 后需要安装对应的 Android SDK，若自动安装的 Android SDK 可能不是最新的版本，只需在 "Setting" 菜单中找到 "Updates" 更新即可。最后选择对应的工作文件目录即可完成环境的搭建。

3.3.1.3 模型训练开发环境搭建

本书的模型训练环境主要是搭建 TensorFlow 的训练环境，该环境主要分为三部分内容：第一部分是配置 Python 环境安装模型训练环境所需辅助工具；第二部分是安装模型训练环境；第三部分是安装 TensorFlow。开发环境概况见表6.26。

表 6.26 模型训练环境

名称	参数
开发工具	Pycharm、Anaconda
开发语言	Python3.8
深度学习环境	TensorFlow-GPU、CUDNN11.2

3.3.2 系统运行优化设计

3.3.2.1 查询优化

本书使用的数据库版本为 MySQL8.0，其内部的查询引擎选用了 InnoDB。为了保证事务的一致性，该搜索引擎在对某一个表进行查询读取的时候，数据库会根据查询语句的内容对该表上行级锁或者表级锁，以防止其他并发的事务对待读取的信息提前进行修改。所以在先到达的事务处理过程中，后到达的事务由于待读取信息加了行锁，只能以队列方式阻塞等待。同时，MySQL 数据库服务器的 I/O 速度与该服务器的网络带宽、硬件配置有着紧密的联系。因为数据库的数据持久化是基于磁盘的，当磁盘的 I/O 操作越快，即磁盘的转速越快时，数据库的读写也将越快。在成本有限的服务器基础上，当有大量并发请求到达数据库时，数据库的处理能力有限，会有大量的请求阻塞，导致应用服务器一直等待数据库的响应而宕机。因此优化服务器查询数据库的过程是提高本系统性能的关键。

在用户登录每次使用系统的识别功能或查询历史识别记录时，应用服务器会与数据库服务器进行数据交互以此来查询验证身份，传统的系统响应流程如图6.42示。

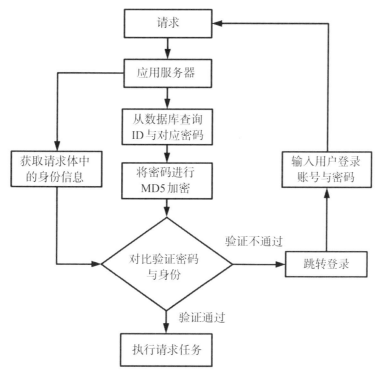

图6.42 原始用户登录流程

在接收到用户的登录请求后，应用服务器首先会根据用户输入的密码与账号向数据库服务器发送对应的 SQL 语句，希望进行对应身份信息的查询读取，以此来保证使用的人是已注册的用户。但这种方式存在很大的弊端，每次使用识别功能都需

生态环境监测

要进行一次登录信息验证是极为耗时的，同时，与服务器通信期间使用明文密码来进行身份验证会有信息泄漏的风险。

通过以上分析，在原本的框架基础上该系统主要的限制瓶颈在于向数据库频繁地查询操作，本书通过在数据库服务器上架设Redis缓存的方式来优化查询过程。本系统对于查询功能的需求分为两种：一种是登录以及使用识别功能时的身份验证，一种是查询历史的分割记录。在身份验证方面使用字符串形式的Key-Value键值来对身份信息进行存储。优化后的数据库查询流程如图6.43所示。

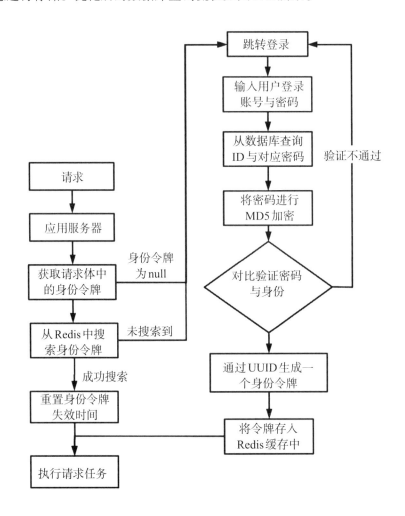

图6.43　改进用户登录流程

以用户登录验证的流程为例，用户在首次登录成功后，会通过当前的时间点以及登录设备的Mac地址生成一个UUID作为身份令牌，将其存入Redis的缓存中并设定失效时间，在将识别结果发送回客户端时会将该身份令牌一并带回客户端；下次客户端发送识别请求时，会首先在缓存中搜索该身份令牌，若搜索到了则表明该用户在短时间内进行过登录，则刷新身份令牌的失效时间，并跳过从数据库查询身份信息的过程，直接进行植物图像的识别应用；若在 Redis 中未发现该身份令牌，说明该用户尚未登录或该用户登录令牌已经失效，则需要跳转回登录界面进行重新登录。同理，在用户反复查询同一历史记录的时候，只有第一次查询会将流量接入数据库中，第二次查询将会首先从缓存中搜索信息，若两次操作的间隔在一定时间内，则会跳过从数据库获取数据这一过程。

3.3.2.2 分布式系统设计实现

为了提高系统的可靠性与稳定性，减少对单体高性能服务器的依赖，本书对草地图像识别测量的服务器进行分布式扩展，通过 Nginx 反向代理将请求轮询向后端服务器进行发送，将流量压力平均分配给多个应用服务器。系统框架如图 6.44 所示。

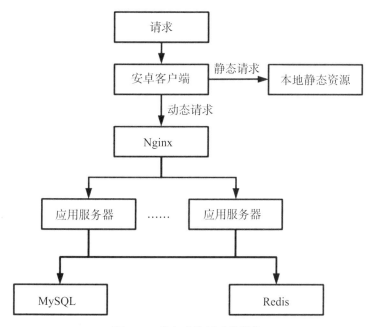

图6.44 分布式扩展系统结构

该植物覆盖度识别系统是由多个服务器组成的网络，每个节点都有自己的本地存储和计算资源，并且节点之间通过网络进行通信和协同工作。而传统的集中式系统通常由一个中心计算机和一些外围设备组成，所有的操作都在一台 Tomcat 服务器上，虽然收到的信息可以在系统内存中共享，但也牺牲了系统的扩展性。对比来说，该系统进行分布式扩展后比集中式系统具有如下几点优势。

（1）更具有可靠性。由于分布式系统中每个节点都是自治的，当某个节点出现故障时，其他节点可以继续执行分割任务，从而保证整个草地覆盖度识别系统的可用性。而在集中式系统中，当应用服务器出现故障时，整个系统将无法继续工作。

（2）更具有扩展性和性能优势。在优化后的系统结构中如果需要增强服务器的性能，可以通过增加节点数量来扩展系统的计算能力，同时在 Nginx 中针对不同性能服务器的组合采用适当的请求分配权重即可。而在集中式系统中，无法简单地增加中心计算机的性能来提高系统的吞吐量，要将系统提升至更高性能只能更换更高性能的处理器。

（3）更具有安全性。由于识别处理任务分散在不同的节点中，一旦有某个节点被攻击或破坏，其他节点仍然可以继续保持数据的完整性和可用性。

当部署多台应用服务器时，虽然能够让系统在可靠性与可用性方面有一定的提升，但由此也会产生新的问题。分布式扩展后的草地覆盖度识别系统在配合 Nginx 的时候会出现用户登录问题。由于 Nginx 使用负载均衡策略，指令请求将会按照时间顺序逐一分发到后端应用上。当某用户在 Tomcat1 登录之后，用户令牌信息放在 Tomcat1 的 Token 里，但一段时间后用户再次发出请求，此时的请求由于 Nginx 的负载均衡策略有可能被分发到了 Tomcat2 上，这时 Tomcat2 上的 token 里还没有用户令牌信息，于是又要重新到数据库读取用户信息验证用户身份。

针对这种情况，本书通过集中式验证的方式解决，将 Redis 缓存与数据库单独设立在一台服务器上，将两台应用服务器的缓存信息统一集中存放在一个 Redis 缓存当中，进行缓存信息的统一管理，免去多个缓存之间复杂的协调和同步机制。流程如图 6.45 所示。

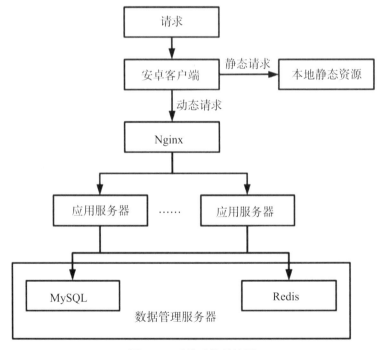

图 6.45　系统功能结构图

当有新的查询请求从 Nginx 发至应用服务器时，服务器会根据 token 中的令牌信息从 Redis 进行搜索验证，若成功搜索到对应信息则直接进入下一步的查询逻辑中。

3.3.2.3　队列泄洪优化

在系统识别分割图像的任务量过多的情况下，如果任务提交速度过快，等待识别分割的队列可能会迅速堆积，导致系统内存不足、线程堵塞等问题，最终可能导致系统崩溃。此外，该系统在草地图像识别分割、统计测量的过程中，草地图像的语义分割是占用时间最长的环节。由于计算机的性能有限，当某一时刻有大量的图像分割请求时，计算机将会同时执行多个图片的分割请求，若短时间内工作的线程超出了服务器性能上限，服务器可能会宕机。

本书通过线程池将草地图像分割部分代码封装为工作线程，在接收到客户端的分割请求时，启动线程池中的工作线程执行该任务。使用有界队列与抛出异常的拒绝策略固定等待任务的数量，当任务数达到队列容量时，线程池会启动非核心线程执行分割任务。与核心线程不同，当非核心线程在处理分割任务时则会启动销毁，核心线程会长时间的保留。当非核心线程也达到线程池的上限时，线程池会启动拒绝策略，拒绝新提交的任务，并抛出异常告知安卓客户端当前服务器已经满载。处理流程如图6.46所示。

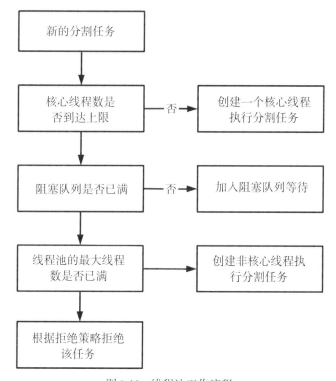

图6.46　线程池工作流程

根据服务器性能设定合适的核心线程数与非核心线程数，以此保证服务器能在有大量分割请求的时候保持在一个高效工作而又不崩溃的状态。通过自定义线程池为线程池设定队列大小、线程池大小以及线程池的拒绝策略可以调整线程池的处理能力，以适配服务器的性能。

3.3.3　系统功能模块实现

草地覆盖度测量系统是由客户端和服务端共同实现的，其中用户管理、草地图像覆盖度测量等功能由服务器端实现，图片采集、GPS定位功能由安卓端完成。

　　用户通过手机号码与对应密码进行系统的登录，勾选记住密码会将登录有效期延长一星期。当用户忘记账户的密码时可以点击忘记密码，进入密码找回界面。

　　通过用户注册的手机账户获取验证码，在输入新密码后点击确定即可重置密码。若是用户还未拥有账户，可点击注册账户进行账户的注册。

　　注册必须填写用户的用户名、手机号码、密码。填写完毕后点击短信验证获取otp短信验证码，验证码会发送到用户填写的手机上，将其输入后点击"确认"即可完成用户的注册。用户登录的时序图如图6.47所示。

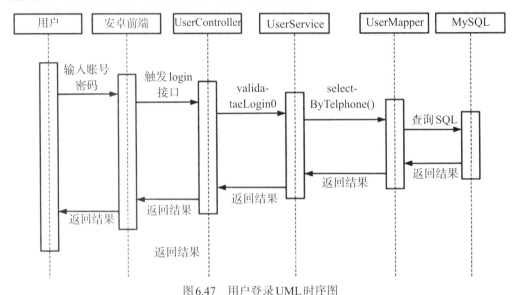

图6.47　用户登录UML时序图

　　如图6.47所示，用户在前端页面中输入账户和密码后，前端将信息封装为JSON格式，通过HTTP协议发送至后端接口。后端在Controller层触发接口，执行对应的Login方法。

第四节　中亚生态环境综合评估

4.1　研究区概况

　　中亚是中亚细亚的简称，处于两大洲的交界位置，占据在亚欧大陆的中部。包括哈萨克斯坦、乌兹别克斯坦、吉尔吉斯斯坦、塔吉克斯坦、土库曼斯坦五个国家。大致位于35°N～55°N，45°E～85°E的范围之内。由于中亚关键的地理位置，它成了亚欧大陆的咽喉，是一个重要的交通枢纽。在它周边的各大国家往来大多要经过这里。除此之外，中亚还是"丝绸之路"的重要战略要地，是"丝绸之路"上的重要组成部分。

　　中亚远离海洋，该地区的地形以山地、丘陵、平原为主；地势东南高，中部及西北低。主要受到来自大陆的气团的影响，降水由北向南依次减少，年降水量一般在50～600 mm，而在雨水较为充沛的地区则可达500 mm。中亚气候主要是温带大陆性气候。一年之中的气温差别很大。最大年温差约60 ℃。中亚主要河流有锡尔河、阿姆河、乌拉尔河、额尔齐斯河等。

4.2　数据来源

（1）监测数据

通过设立在中亚地区的生态环境数据监测站，可以获取实时的监控数据。为了方便统计计算，每天取一次的数据来进行计算，计算三个生态环境数据监测站的数据。

（2）GRACE数据

本研究所用的GRACE数据在美国得克萨斯大学空间研究中心（CSR Mascon）、喷气动力实验室 （JPL Mascon）以及戈达德空间飞行中心 （GSFC Mascon）等网站上下载。

（3）气象数据

本研究所使用的气候数据主要为降水、温度和太阳辐射数据。数据主要来源于东英吉利大学气候研究组发布的气候数据集（CRU TS4.02）和普林斯顿全球气象驱动数据集（PGMFD v3）。主要使用了CRU数据集中的降水和温度的月尺度产品数据，其空间分辨率为0.5°。

（4）其他数据

其他数据包括水文数据、土地利用数据、社会经济数据和土壤数据、土壤湿度数据、河网数据、灌溉定额数据、种作作物指标数据等。所有数据的时间尺度是1990—2020月尺度数据。

4.3　生态环境评估方法

4.3.1　层次分析法（AHP）

层次分析法（analytic hierarchy process，AHP）是一种决策分析方法。

首先把要解决的总目标分为若干个层次，并绘制成层次结构图，如图6.48所示。最高层为目标层，是要解决的总问题；中间层为因素层，是解决问题的方向或准则等需要考虑的因素；最底层为指标层，是评价的具体量化指标元素。分层后应对各个指标加以简要的解释。

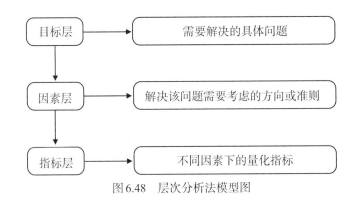

图6.48　层次分析法模型图

然后构建一致矩阵，对于一个因素，对它下面的指标按照其重要性程度两两比较，然后评定等级，评定的重要性等级及其赋值见表6.27所列。

表6.27　比例标度表

i指标比j指标	量化标度值
同等重要	1
稍微重要	3
较为重要	5
强烈重要	7
极端重要	9
相邻判断之间的中间值	2,4,6,8

在此之后就可以通过算术平均法计算权重；最后进行层次单排序及其一致性检验。

4.3.2　压力状态响应法（PSR）

PSR模型可以把待评价的因素按照压力指标、状态指标、响应指标三个大方向来区分，便于理解，也便于不同因素之间重要性的比较。

压力指标一般指的是人类活动以及自然环境变化所造成的影响；状态指标一般指的是人和生态环境面对压力后环境自身的状态变化，包括生态系统与自然环境状况，人类的生活质量等；响应指标指的是人们为了让自身和生态环境变化的负面影响最小化而采取的补救措施。PSR模型的标准能帮助人们进行环境的可持续发展判定。

PSR与AHP是在生态环境监测评估体系中常用的模型与方法，根据PSR模型的逻辑建立框架图，如图6.49所示。

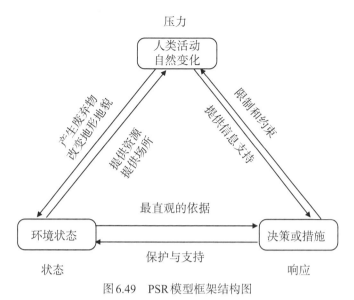

图 6.49　PSR 模型框架结构图

4.4　中亚生态环境评估

4.4.1　生态环境评估的指标体系构建

根据前文所涉及的数据，分别构建中亚生态环境评估的压力、状态、响应层，利用 AHP 建立评估用的指标体系，见表 6.28 所列。

表 6.28　基于 PSR 模型的中亚生态环境评估指标体系表

目标层	因素层	指标层
中亚生态环境评估	压力	人口密度（人/km²） 人口增长率（%） 城市化水平 人均耕地面积(ha/人)
	状态	大气污染程度 水体污染程度 土壤污染程度 水体富营养化程度 水体矿化度（g/L） 年均降水量（mm） 陆地水储量（mm） 温度（℃） 物种多样性 NDVI
	响应	污水处理率 (%) 环保投资 GDP 占比 (%) 管理水平

确定指标后，按照重要性原则来构建判断矩阵，并计算权重。计算之后得到的各个指标的权重值见表6.29所列。

表6.29 基于PSR模型的中亚生态环境评估指标权重表

目标层	因素层	指标层	权重
中亚生态环境评估	压力	人口密度（人/km²）	0.017 9
		人口增长率(%)	0.012 3
		城市化水平	0.010 9
		人均耕地面积(ha/人)	0.015 2
	状态	大气污染程度	0.069 9
		水体污染程度	0.093 8
		土壤污染程度	0.094 5
		水体富营养化程度	0.085 3
		水体矿化度（g/L）	0.040 4
		年均降水量(mm)	0.046 5
		陆地水储量(mm)	0.053 4
		温度(℃)	0.051 5
		物种多样性	0.097 1
		NDVI	0.098 2
	响应	污水处理率(%)	0.105 5
		环保投资GDP占比(%)	0.065 0
		管理水平	0.042 6

该矩阵通过了一致性检测。

确定了权重之后，我们根据得到的数据，对每个指标进行量化，便于定量计算评估中亚生态环境的情况。中亚生态环境评估指标量化标准见表6.30所列。

表6.30 中亚生态环境评估指标量化标准表

指标	量化指标阈值			
	0.75～1(优)	0.5～0.75(良)	0.25～0.5(中)	0～0.25(差)
人口密度	<50	50～100	100～150	>150
人口增长率	>2	1.5～2	1～1.5	<1
城市化水平	高	一般	较低	低
人均耕地面积	>0.3	0.2～0.3	0.1～0.2	<0.1
大气污染程度	API 1级	API 2级	API 3级	API 4级
水体污染程度	无污染	轻度污染	中度污染	严重污染

指标	量化指标阈值			
	0.75～1（优）	0.5～0.75（良）	0.25～0.5（中）	0～0.25（差）
土壤污染程度	污染级别1级	污染级别2级	污染级别3级	污染级别4级
水体富营养化度	氮磷含量不超标	氮磷含量轻微超标	氮磷含量超标	氮磷含量严重超标
水体矿化度	<1	1～3	3～5	>5
年均降水量	>500	350～500	200～350	<200
陆地水储量	>5	−5～5	−15～−5	<−15
温度	>25	15～25	5～15	<5
物种多样性	丰富	一般	较少	贫瘠
NDVI	>0.5	0.3～−0.5	0.1～0.3	<0.1
污水处理率	>90	80～90	70～80	<80
环保投资GDP占比	>1.5	1～1.5	0.5～1	<0.5
管理水平	高	一般	较差	差

4.4.2　生态环境质量综合评估

根据前文提出的指标评价体系和生态环境评估方法，首先形成量化的结果，然后根据权重加权求和，得到最终的得分，最后分成优、良、中、差等四级，形成中亚生态环境质量综合评估图。

通过分析，我们可以得出，生态环境优和良的地区约占据中亚一半的面积，大多集中在中亚的边界地区。而中亚的中部地区生态环境则是以中等为主，生态环境差的地方大多位于中亚中部湖泊周围。进一步计算可得出，中亚生态环境为优的地区占中亚总面积的17.53%，约702 009.73 km²；良的地区占中亚总面积的36.48%，约1 460 608.83 km²；中的地区占中亚总面积的41.43%，约1 658 790.67 km²；差的地区占中亚总面积的4.55%，约181 990.765 4 km²。

为了更好地分区域了解中亚的生态环境情况，以国家为单位量化每个指标的得分之后，把它们与自身的权重相乘，再把所有的指标得分相加，可计算出每个国家的总得分，从而得到各个国家的生态环境评估的量化值。这样便可以定量评价中亚各个国家生态环境的状况了。

最后根据量化的得分，以及各项指标的权重，计算出了中亚五国的得分情况。见表6.31所列。

表6.31　中亚各国得分表

国家	哈萨克斯坦	乌兹别克斯坦	吉尔吉斯斯坦	塔吉克斯坦	土库曼斯坦
得分	0.674 002	0.704 674	0.731 731	0.736 173	0.738 649

然后再计算出中亚各国优、良、中、差每个级别所占的区域面积，见表6.32所列，以及每个级别区域所占面积占各国国土面积的百分比，见表6.33所列。

表6.32　中亚各国各生态等级所占面积表　　　　　　单位：km²

国家	哈萨克斯坦	乌兹别克斯坦	吉尔吉斯斯坦	塔吉克斯坦	土库曼斯坦
优	330 644.2	96 585.0	78 981.9	61 910.3	135 321.7
良	910 564.1	183 333.3	60 509.0	24 681.0	277 514.9
中	1 354 313.0	157 076.4	40 968.8	51 522.6	56 689.9
差	124 478.8	12 005.3	19 540.2	4 986.1	21 473.4

表6.33　中亚各国各生态等级所占比例表　　　　　　单位：%

国家	哈萨克斯坦	乌兹别克斯坦	吉尔吉斯斯坦	塔吉克斯坦	土库曼斯坦
优	12.15	21.52	39.50	43.27	27.56
良	33.48	40.83	30.25	17.25	56.52
中	49.79	34.98	20.48	36.00	11.55
差	4.58	2.67	9.77	3.48	4.37

　　从表6.33我们可以看出，塔吉克斯坦生态环境评价为优的比例是中亚五国中最大的，占43.27%，而哈萨克斯坦生态环境评价为优的比例则是中亚五国中最小的，占12.15%。生态环境评价为差的比重最大的国家是吉尔吉斯斯坦，占9.77%，最小的则是乌兹别克斯坦，占2.67%。

　　结合以上信息，我们综合分析可以得出，在中亚五国里，土库曼斯坦的生态环境最好，其次是塔吉克斯坦，之后是吉尔吉斯斯坦。这三个国家的得分差别不是很大。排在这之后的是乌兹别克斯坦，而生态环境状况最差的是哈萨克斯坦。

附录：温湿度在线监测课程实验

1.1 实验目的和任务

1. 掌握CC2530芯片GPIO的配置方法。
2. 掌握温湿度传感器DHT11的使用方法。
3. 掌握串口发送字符串的方法。

1.2 实验预习与思考

掌握C51单片机简单的编程基础和编程思想。

1.3 实验原理

1.3.1 DHT11传感器

DHT11数字温湿度传感器是一款含有已校准数字信号输出的温湿度复合传感器，它应用专用的数字模块采集技术和温湿度传感技术，确保产品具有极高的可靠性和卓越的长期稳定性。传感器包括一个电阻式感湿元件和一个NTC测温元件，并与一个高性能8位单片机相连接。因此该产品具有品质卓越、超快响应、抗干扰能力强、性价比高等优点。每个DHT11传感器都在精确的湿度校验室中进行校准。校准系数以程序的形式存在OTP内存中，传感器内部在检测型号的处理过程中要调用这些校准系数。单线制串行接口，使系统集成变得简易快捷。超小的体积、极低的功耗，信号传输距离可达20 m以上，使其成为最为苛刻的应用场合的最佳选择。产品为4针单排引脚封装，连接方便。传感器性能见表附录1.1。

表附录1.1 DHT11传感器性能

参数	条件	Min	Typ	Max	单位
湿度					
分辨率		1	1	1	%RH
			8		Bit
重复性			±1		%RH
精度	25 ℃		±4		%RH
	0～50 ℃			±5	%RH
互换性	可完全互换				

参数	条件	Min	Typ	Max	单位
量程范围	0 ℃	30		90	%RH
	25 ℃	20		90	%RH
	50 ℃	20		80	%RH
响应时间	1/e(63%)25 ℃，1 m/s空气	6	10	15	S
迟滞			±1		%RH
长期稳定性	典型值		±1		%RH/yr
温度					
分辨率		1	1	1	℃
		8	8	8	Bit
重复性			±1		℃
精度		±1		±2	℃
量程范围		0		50	℃
响应时间	1/e(63%)	6		30	S

DHT11程序采用模块化编程思想，只需调用温度读取函数即可，相当方便，移植到其他平台也非常容易。

1.3.2 DHT11与MCU的典型应用电路

DHT11传感器连接方式和USB转串口数据线连接方式如图附录1.1所示。

图附录1.1 ZigBee节点核心板、底板、传感器的连接方式

DHT11与MCU的典型应用电路如图附录1.2所示。

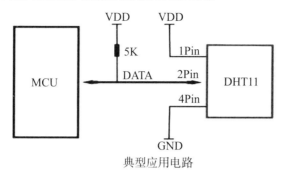

典型应用电路

图附录1.2　DHT11与MCU的典型应用电路

1.4　实验内容

（1）对CC2530芯片GPIO进行配置。

（2）构建DHT11温湿度传感器的物联网。

1.5　实验仪器设备

（1）硬件：PC一台、ZigBee节点（底板、核心板、仿真器、USB数据线）一套、DHT11传感器一个。

（2）软件：Windows10系统，IAR8.10集成开发环境、串口调试助手。

1.6　思考题

如何在CC2530中实现温湿度数据的读写？

参 考 文 献

[1] 中国国家标准化管理委员会. 土地利用现状分类：GB/T 21010—2017 [S]. 北京：中国标准出版社，2017.

[2] 马天，王玉杰，郝电，等. 生态环境监测及其在我国的发展[J]. 四川环境，2003（02）：19-24+34.

[3] 徐洋. 生态环境监测及其我国的发展简述[J]. 环境保护与循环经济，2018，38（06）：72-73.

[4] 钟群伟. 生态环境监测的内涵及应用意义[J]. 科技创新与应用，2013（21）：120.

[5] 余兴贵. 环境监察监测的基本职能及特点探析[J]. 黑龙江科技信息，2011（32）：142.

[6] 张文久. 浅谈生态环境监测技术的发展和应用[J]. 中国新技术新产品，2018（07）：125-126.

[7] 黄钰，王远. 中国环境监测现状分析及发展对策研究[J]. 中国资源综合利用，2019，37（01）：67-69.

[8] 李丹，代沁芸. 我国环境监测技术的应用现状及发展趋势[J]. 中国环保产业，2019（02）：64-66.

[9] 王多栋，高金晖，刘娜，等. 生态修复规划中韧性生活圈实现途径研究[J]. 环境与发展，2021，33（02）：228-232.

[10] 曾珍英. 生态环境监测技术[J]. 科技与企业，2012（14）：359.

[11] 张婷. 生态环境监测的技术探讨[J]. 绿色科技，2011（08）：174-176.

[12] 曲文韬，黄锐，吕俊涛. 220 kV GIS 设备漏气原因分析及预防措施[J]. 电力科学与工程，2013，29（08）：21-26.

[13] 张颖. 浅谈我国地表水水质监测现状[J]. 科技信息，2011（26）：59+61.

[14] 孟凯. 黑土侵蚀坡积过程分析[J]. 黑龙江大学工程学报，2011，2（01）：61-65.

[15] 周媛丽，王小文，来雪慧，等. 陕西关中地区生态环境评价及对策[J]. 地下水，2011，33（01）：71-74.

[16] 环境保护部. 环境空气质量监测点位布设技术规范（试行）：HJ 664—2013 [S].

[17] 陈慧蓉，阳建中，林俊良，李娜. 环境质量视角下广西北部湾沿海地区人居环境现状分析[J]. 农村经济与科技，2021，32（06）：7-9.

[18] 国家环境保护总局，国家质量监督检验检疫总局. 地表水环境质量标准：GB 3838—2002 [S]. 北京：中国标准出版社，2002.

[19] 张志功. 勐海县农村饮用水水源地水质现状评价[J]. 绿色科技，2010（09）：97-99.

[20] 国家环境保护总局. 土壤环境监测技术规范：HJ/T166—2004 [S].

[21] 潘强，王建旭，张冬，等. 工业园区土壤污染监测预警系统设计与应用[J]. 资源节约与环保，2021（02）：52-53+117.

[22] 陈岚岚. 探析传感器的技术应用与发展趋势[J]. 信息与电脑（理论版），2010（22）：152+154.

[23] 袁丽英，冯越，蔡向东，传感器与检测技术[M]. 北京：中国铁道出版社，2018.

[24] 王沛霖. 一种称重传感器的研制[D]. 吉林：吉林大学，2014.

[25] 李欣雪，阮菲，李松名. 基于STM32的智能体感变形滑板设计[J]. 信息技术与信息化，2021.

[26] 张刚兵，钱显毅. CAI在传感器课程教学中的应用研究[J]. 软件导刊（教育技术），2011，10（8）：18-20.

[27] 龚瑞昆，粘山坡. 信号检测中的新型传感器[J]. 传感器世界，2005，11（5）：4.

[28] 王惠. 新型传感器的现状与发展[J]. 机械管理开发，2007（5）：2.

[29] 李学东，余志伟，杨明忠. 基于MEMS技术的微型传感器[J]. 仪表技术与传感器，2005（09）：4-5+12.

[30] 冯平. 智能位移传感器系统的研究[D]. 杭州：浙江大学，2001.

[31] 刘云仙. 固态图像传感器的作用及实际应用[J]. 云南科技管理，2011，24（03）：72-74.

[32] 张岩. 基于图像传感器的车门紧急解锁系统[J]. 科技经济导刊，2017（017）：27.

[33] 侯雨石，何玉青，陈永飞，等. 数码相机图像传感器技术[J]. 光学技术，2003（01）：59-62+65.

[34] 周红平. CCD图像传感器原理[J]. 中国新技术新产品，2009（20）：28-29.

[35] 杨永军. 温度测量技术现状和发展概述[J]. 计测技术，2009，29（04）：62-65.

[36] 陶永亮. 传感器在注塑模具中的应用[J]. 上海塑料，2011（03）：22-26.

[37] 管赛晖，包浚杞，谢玲，等. 面向防疫与环保的智慧社区平台的设计与实现[J]. 电子技术与软件工程，2021（11）：84-87.

[38] 冯文健. 采空区温度监测Zigbee无线自组网技术研究[J]. 装备制造技术，2021（08）：162-165.

[39] 王铮. 基于Zigbee的井下温度监测系统设计[J]. 煤炭技术，2017，36（08）：157-159.

[40] 常赟杰，王胜芹，余安. 基于ZigBee的远程无线多点温度监测系统设计[J]. 福建

电脑，2018，34（02）：19-20.

[41] 祝诗平. 传感器与检测技术[M]. 北京：北京大学出版社，中国林业出版社，2006：171.

[42] 陈同心，杨俊德. 氯化锂湿度传感器及其应用[J]. 仪器仪表与分析监测，1986（04）：10-14.

[43] 黄晓东，曹远志，黄见秋，黄庆安. 一种半导体湿度传感器及其制备方法：CN109613065A[P]. 2019.

[44] 郑昊. 基于氧化铝薄膜的湿度传感器及其湿敏特性研究[D]. 成都：电子科技大学，2022.

[45] 施云波，陈宝军，浦龙，等. 多孔陶瓷湿度传感器最新研究进展[J]. 传感器世界，2001（03）：11-15+20.

[46] 郝兵. 基于LoRa的农业大棚无线温湿度监测系统设计探究[J]. 农业技术与装备，2021（11）：12-13+15.

[47] 朱宁莉，马振洲. 基于LoRa无线技术的散粮集装箱温湿度监测系统[J]. 单片机与嵌入式系统应用，2018，18（10）：67-69+74.

[48] 郑威，袁木林. 吉林省白山市枯季降水量分布浅析[J]. 吉林水利，2010（03）：34-35.

[49] 彭启园. 甘肃滑坡与泥石流监测体系评价与数据分析研究[D]. 兰州：兰州大学，2020.

[50] 杨燕珍. 液位变送器的抗震计算分析与评定[J]. 佳木斯大学学报（自然科学版），2021，39（03）：76-78.

[51] 孟庆魁. 河道钢闸门自动化控制系统的设计及控制策略研究[D]. 西安：西北农林科技大学，2021.

[52] 伯冰洋. 基于物联网的ARM嵌入式水位监测系统的设计与实现[J]. 物联网技术，2022，12（07）：5-7+11.

[53] 徐志韬. 基于大气特征污染物监测布点优化分析[J]. 环境与发展，2018，30（06）：167-168.

[54] 环境保护部. 水质　采样方案设计技术规定：HJ 495—2009 [S]. 2009.

[55] 郑戈. 地表水采样质量保证探讨[J]. 低碳世界，2017（15）：15-16.

[56] 国家环境保护总局. 土壤环境监测技术规范：HJ/T 166—2004 [S]. 2004.

[57] 魏松. 公共卫生环境监测管理系统应用研究[D]. 吉林：吉林大学，2014.

[58] 吴健辉，易嘉闻，邹玲，等. 多点无线智能环境检测系统设计[J]. 电子技术，2015，44（11）：72-75+71.

[59] 范俊峰. 物联网下环境污染智能监测系统设计研究[J]. 环境科学与管理，2018，43（09）：122-126.

[60] 贾平，穆欣.远程监测系统的研究[J].信息与电脑（理论版），2009（08）：40-41.

[61] 汪文强，张国平，徐洪波，等.基于云平台的远程监控系统的设计与实现[J].信息技术，2019，43（11）：72-77.

[62] 韩文霆，崔利华，陈微，等.桁架式可移动作物生长远程监控系统设计[J].农业工程学报，2014，30（13）：160-168.

[63] MIN JIA，WEI LI，KANGKANG WANG，et al. A newly developed method to extract the optimal hyperspectral feature for monitoring leaf biomass in wheat[J]. Computers and Electronics in Agriculture，2019，165：104942.

[64] 丁怡心，廖勇毅.高斯模糊算法优化及实现[J].现代计算机（专业版），2010（08）：76-77+100.